高等院校经济管理类系列教材

海域自然资本价值核算与测度

席增雷　刘　超　谢东辉　编著

科学出版社

北　京

内 容 简 介

本书首先界定海域的概念、特性和边界，阐述海域自然资本测度的基本理论、范式与方法论，海域环境功能区划及海域分等定级的方法和技术。然后，构建海域自然资本表征与识别体系，梳理海域自然资本形成、维护和退化机理，并结合自然资本价值时空权衡理论，提出海域自然资本时空权衡制图表达范式。最后，系统介绍自然资本核算 InVEST 模型的海洋模块、有关海洋大数据和社会核算矩阵在海域自然资本价值核算与测度中的应用等内容。

本书适合区域科学、生态学、地理学和资产评估等专业的科研和教学人员阅读，也可作为高等院校和科研院所相关专业的教材或教学参考书。

图书在版编目（CIP）数据

海域自然资本价值核算与测度/席增雷，刘超，谢东辉编著. —北京：科学出版社，2020.12

（高等院校经济管理类系列教材）

ISBN 978-7-03-058725-1

Ⅰ. ①海… Ⅱ. ①席… ②刘… ③谢… Ⅲ. ①海洋经济学-高等学校-教材 Ⅳ. ①P74

中国版本图书馆 CIP 数据核字（2018）第 206909 号

责任编辑：纪晓芬 / 责任校对：陶丽荣

责任印制：吕春珉 / 封面设计：东方人华平面设计部

科学出版社 出版

北京东黄城根北街 16 号

邮政编码：100717

http://www.sciencep.com

三河市骏杰印刷有限公司印刷

科学出版社发行 各地新华书店经销

*

2020 年 12 月第 一 版 开本：787×1092 1/16

2020 年 12 月第一次印刷 印张：7 1/2

字数：174 000

定价：28.00 元

（如有印装质量问题，我社负责调换〈骏杰〉）

销售部电话 010-62136230 编辑部电话 010-62135397-2021（HF02）

前　言

海域是海洋经济发展的物质基础和空间载体，是一种特殊的国土资源，亦是海洋生态文明建设的基础。中国共产党第十八届中央委员会第三次全体会议通过的《中共中央关于全面深化改革若干重大问题的决定》指出：“探索编制自然资源资产负债表，对领导干部实行自然资源资产离任审计。建立生态环境损害责任终身追究制。”在建设海洋强国的国家战略背景下，优化海域资源配置、提升海域资源价值是一项必需而又紧迫的任务。开展海域自然资本价值研究有利于实现海域资源科学区划，从而缓解经济发展与资源稀缺的矛盾；有利于促进价格机制在资源配置中起决定性作用；有利于政府在生态文明建设中更好地发挥作用。

海洋是我国经济现在和未来的重要爆发点，海域是海洋经济发展的主要载体和空间。海域问题不仅关系到国家的发展，还关系到人类的生存。因此，探寻海域自然资本、摸清海域自然环境本底价值非常重要。

海域作为未来经济发展的重要空间载体，需要从自然资本的角度对海域资源和海域空间进行管理和决策，本书即是在此背景下编写的，旨在立足海域自然资本价值核算，优化海域利用空间结构和布局，助力海洋可持续发展和海洋文明建设。

本书出版得到了河北大学资源利用与环境保护研究中心和河北大学科技创新团队培育与扶持计划（2016年“一省一校”专项经费）的支持和资助。课题组成员河北大学财务与资产管理处闫亚梅、河北省委研究室戎昱冰和河北大学经济学院苗欣茹、黄菲、李聪聪、党亚苹、苗丽冉、吴海雷和张卫强等为书稿的编写、整理和图表制作等方面做了大量工作。本书在编写过程中参考了国内外有关海洋生态资本、生态经济系统和海域管理大量的教材、著作和论文集，但本书不是对这些成果的简单结集，而是在理论体系、逻辑框架和内容安排上进行了系统的梳理和总结。由于能力所限，加之编写时间仓促，不足之处在所难免，恳请广大读者批评指正。

目　录

第一章　绪论…………1
第一节　海域的概念与特性…………1
一、海域的概念…………1
二、海域的特性…………3
三、海域的使用方式…………4
第二节　自然资本的产生与发展…………5
一、资本的内涵与外延…………5
二、自然资本的概念与特点…………8
第三节　海域自然资本测度的基本理论…………9
一、自然资本测度的概念…………9
二、海域自然资本的核算与测度…………10
三、海域自然资本核算的意义…………11
第二章　海域的特征与分类…………12
第一节　海域资源及其特点…………12
一、海与洋…………12
二、海域资源的特征及分类…………14
三、海域资源的特点…………14
第二节　海洋利用的特点和可持续利用…………15
一、现代海洋利用的特点…………15
二、海洋的可持续利用…………17
第三节　海域使用的含义与分类…………18
一、海域使用的含义…………18
二、海域使用分类的原则…………18
三、海域使用的分类…………19
四、海域环境容量管理…………20
第三章　海洋区划和资源配置…………22
第一节　海洋区划与空间规划…………22
一、海洋区划的概念与特征…………22
二、海洋区划的类型…………23
三、海域环境功能区划的中心任务…………24
四、近岸海域环境功能区划分的方法…………24
第二节　区域发展目标…………26
一、区域发展目标选择…………26
二、区域发展决策的数学方法及应用…………26

三、海域利用的空间特征与规律 …… 29
第三节 海域资源利用的合理配置 …… 30
一、资源配置的理论基础 …… 30
二、资源配置的基本任务与目标 …… 33
三、海域资源合理配置的一般形式 …… 34
第四章 海域分等定级 …… 36
第一节 海域分等定级概述 …… 36
一、海域分等定级的含义与对象 …… 36
二、海域质量评价 …… 36
三、海域分等定级的任务和目的 …… 36
四、海域分等定级的体系与方法 …… 37
第二节 分等定级指标体系 …… 37
一、海域综合分等指标体系 …… 37
二、海域定级指标体系 …… 40
三、分等定级因素权重的确定 …… 42
第三节 海域分等定级的程序与方法 …… 45
一、分等定级的程序 …… 45
二、分等定级资料的收集与整理 …… 47
三、海域综合等别的初步划分 …… 47
四、海域等别分值的计算与等别划分 …… 48
五、海域等别的校核与调整 …… 49
第五章 海域自然资本多源价值的表达与实现 …… 51
第一节 海域功能的分类与表征 …… 51
一、海域自然资本的概念与内涵 …… 51
二、海域功能的表征与量化 …… 51
三、海域功能的分类体系 …… 52
四、海域自然资本和生态系统服务 …… 53
第二节 海域自然资本的识别与实现 …… 54
一、海域资源和自然资本 …… 54
二、海域自然资本价值的本质与来源 …… 54
三、海域自然资本的形成、维护与退化 …… 57
第三节 海域自然资本和人类福祉 …… 61
第六章 海域自然资本价值的核算 …… 63
第一节 海域自然资本价值核算的原则与步骤 …… 63
一、海域自然资本价值核算的基本原则 …… 63
二、海域自然资本价值核算方法的分类 …… 64
三、海域自然资本价值核算的过程与步骤 …… 65
第二节 海域自然资本价值的构成 …… 66
一、直接价值 …… 66

二、间接价值 ……66
三、选择价值 ……67
四、存在价值 ……67
第三节 海域自然资本价值核算的方法与模型 ……67
一、海域自然资本价值核算的方法 ……68
二、海域自然资本价值核算的模型 ……70
三、海域自然资本价值核算方法的选取 ……71
第四节 自然资本价值账户的构建 ……72
一、自然资本账户 ……72
二、经济效果权衡 ……73
三、海域自然资本价值成本效益分析 ……73
第七章 海域自然资本的时空权衡与管理 ……75
第一节 生态系统服务的空间权衡及其原因 ……75
一、生态系统服务权衡的内涵 ……75
二、生态系统服务权衡的类型 ……76
三、生态系统服务权衡和协同研究 ……76
第二节 生态系统服务权衡的认知 ……77
一、生态系统服务权衡关系的尺度效应 ……77
二、生态系统服务权衡关系的识别 ……78
三、生态系统服务权衡关系的表达 ……79
第三节 生态系统服务权衡决策 ……79
一、生态系统服务权衡决策的框架 ……79
二、生态系统服务权衡决策的方法 ……80
三、基于海域功能和价值的权衡理论框架 ……81
第四节 海域自然资本时空权衡制图表达 ……82
一、自然资本空间分布图的性质和制图原则 ……82
二、区域自然资本价值制图 ……83
三、自然资本价值制图流程 ……84
第八章 自然资本价值核算的模型与工具 ……86
第一节 海洋大数据 ……86
一、海洋大数据的来源 ……86
二、海洋大数据的特性 ……87
三、海洋大数据挖掘分析 ……89
四、海洋大数据的质量控制 ……91
第二节 自然资本价值核算模型 ……92
一、GIS 在自然资本价值核算中的应用 ……92
二、常用的生态系统服务模型 ……93
第三节 InVEST 模型和海域自然资本价值核算 ……95
一、InVEST 模型概述 ……95

二、InVEST 模型海洋模块概览……96
第四节 海洋社会核算矩阵……102
一、编制自然资本账户的意义……102
二、社会核算矩阵概览……103
三、海洋社会核算矩阵的设计与账户设置……107
参考文献……109

第一章

绪　论

海域是一个具有多样性的复杂系统，这一属性决定了海域资源研究的多学科综合与交叉，功能评价中涵盖了管理、决策、经济、交通等社会科学的领域，使得问题变得更为复杂。只有科学、客观、定量地评价海域的海洋功能，分析海域在自然状态下或目前状态下所具有的先天的条件和能力，测度海域自然资本的价值，才能根据人们对海域的不同需求，以协调的、可持续发展的战略为标准，以追求最佳经济、最佳社会、最佳环境为目标，进行海域的海洋功能区划、海洋管理、海洋空间规划、海洋环境评价。

第一节　海域的概念与特性

一、海域的概念

关于海域，最直接的解释是“海洋中区域性的立体空间”，但是随着社会生产力的发展、科学技术的进步，人类开发、利用海洋的深度和广度不断拓展，对海域的认识和理解也在不断深入。

海域是“海的区域”的简称，原指包括水面、水体、海床和底土在内的一定海洋区域，如在划定领海宽度的基线以内的海域为内海；从基线向外延伸一定宽度的海域为领海；从一国专属经济区或大陆架的外边缘延伸到他国领海为止的海域为公海。海域是海洋资源一定范围内的载体，是海洋的组成部分，具有资源性、立体性、特定性及专属性等特点。海域同其他任何资源一样是有限的，而人类的生产、生活对资源的需求又是无限的，要让有限的资源最大限度地满足人类的生产和生活需要，就必须对各种开发利用活动进行规范和管理。

海域首先是一个地理名词，《现代汉语词典》对其解释为“指海洋的一定范围（包括水上和水下）”。《海洋学综合术语》（GB/T 15918—2010）中对海域的表述为“一定界限内的海洋区域”。可以明确的是，海域是海洋的组成部分，并且有一定的空间范围。因而，地理意义的海域概念往往结合地名和方位使用，以确定所描述的大致方位和范围。至于海域所包含的内容，就要进一步探究海洋的定义来明确。现代海洋学关于海洋的定义：海洋是指作为海洋主体的海洋水体、溶解和悬浮于其中的物质，生活于其中的海洋生物，邻近海面上空的大气，围绕海洋周缘的海岸与海底等部分组成的统一体。即海洋由四部分组成：海洋的主体——海洋水体、海岸——海洋的边缘、海底——托起海水的固体层、海空——海面以上的大气。虽然巨大的海水水体是海洋的主体和具有决定意义的部分，但它毕竟不是海洋的全部。因为这个水体之所以有基本立体形状，能稳定地发挥其功能，离不开包围和承载它的海岸和海底，也离不开跟它相互作用的海面。因此，水面、水体、海岸、海床、底土及存在于其中的资源共同构成了地理意义上的海域。

《联合国海洋法公约》第二条规定，沿海国的主权及于其陆地领土及其内水以外邻接的一带海域，在群岛国的情形下则及于群岛水域以外邻接的一带海域，称为领海；此项主权及于领海的上空及其海床和底土。第五十六条规定，沿海国在专属经济区内有以勘探和开发、养护和管理海床上覆水域和海床及其底土的自然资源（不论为生物或非生物资源）为目的的主权权利，以及关于在该区内从事经济性开发和勘探，如利用海水、海流和风力生产能等其他活动的主权权利；对人工岛屿、设施和结构的建造和使用，海洋科学研究，海洋环境的保护和保全具有管辖权。第五十七条规定，专属经济区从测算领海宽度的基线量起，不应超过200海里（1海里=1.852千米）。

《中华人民共和国海域使用管理法》（以下简称《海域使用管理法》）第二条规定："本法所称海域，是指中华人民共和国内水、领海的水面、水体、海床和底土。

本法所称内水，是指中华人民共和国领海基线向陆地一侧至海岸线的海域。

在中华人民共和国内水、领海持续使用特定海域三个月以上的排他性用海活动，适用本法。"

表1-1为近岸海域部分术语。

表1-1　近岸海域部分术语

术语	定义
近岸海域	海岸带范围内平均低潮线以下、20米等深线以上的海域
海岸带	海水运动对于海岸作用的最上限界及其邻近陆地、潮间带以及海水运动对于潮下带岸坡冲淤变化影响的范围
潮间带	介于平均大潮高、低潮位之间的海水活动地带，也就是海水涨至最高时所淹没的地方开始至潮水退到最低时露出水面的范围
潮上带	平均大潮高潮位与特大潮或风暴潮时海浪所能作用到的陆上最远处之间的地带
潮下带	平均大潮低潮位与波浪所能作用到的水下最深处之间的地带
海岸线	海与陆相互交汇的界线，是平均大潮高潮的痕迹线所形成的水陆分界线
海滩	平均高潮线以下、低潮线以上的海域
等深线	水体中，相同深度的各点连接成封闭曲线，按比例缩小后垂直投影到平面上所形成的曲线
岛屿	四面环水、高潮时露出水面、自然形成的陆地
潮间带滩涂	平均大潮高潮线与低潮线之间，即潮间带之间的泥质、砂质和岩滩等沉积地带
潮上带滩涂	平均大潮高潮线以上的淤泥质沉积地带
潮下带滩涂	平均大潮低潮线以下的浅水区泥砂质沉积地带
障航物	海图上表示的礁石、浅滩、沉船、钻井遗弃的钢管、战时布设的水雷等
助航设施	帮助船舶安全、顺利完成航行任务的设施
近岸工程	以开发、利用、保护、恢复海洋资源为目的，并且工程主体位于海岸线向海一侧的新建、改建、扩建工程
海岸工程	海岸防护、海岸带资源开发和空间利用所采取的各种工程设施，主要包括海岸防护工程、海港工程、海上疏浚工程、围填海工程等

续表

术语	定义
海湾	一片三面环陆的海洋，通常以湾口附近两个对应海角的连线作为海湾最外部的分界线
海洋水文	是指海水的物理性质和运动的发生规律。主要研究对象有海水温度、盐度、透明度、水色、海流、潮汐、波浪、风暴潮、海冰，以及海洋与大气相互作用等水文要素
海洋功能区划	海洋功能区划是指依据海洋自然属性和社会属性，以及自然资源和环境特定条件，界定海洋利用的主导功能和使用范围。它是结合海洋开发利用现状和社会经济发展需要，划分出具有特定主导功能，适应不同开发方式，并能取得最佳综合效益区域的一项基础性工作，是海洋科学管理的基础。《全国海洋功能区划（2011—2020年）》将海域划分为农渔业区、港口航运区、工业与城镇用海区、矿产与能源区、旅游休闲娱乐区、海洋保护区、特殊利用区和保留区八大类

二、海域的特性

1. 连通全球的水体覆盖

由于海域具有功能的多宜性和水体的流动性，因此是一个无法分割的空间整体，组成海域系统的各个子系统与要素之间的关系是彼此独立又相互联系、相互依存和相互制约的。海域作为一个整体虽然无法被分割，但却可以在空间整体范围内将其划分为无数个特定、具体和相对独立的子空间。随着海洋开发利用方式的不断发展，人们对海域的利用方式也逐渐从平面式用海向三维多层立体式用海发展，特定化的空间也逐渐从平面坐标界定的某一特定海域向立体坐标界定的某一特定海域发展，其空间的特定性更加明显。

2. 多层次耦合的复杂自然体

海域的差异性主要表现在如下三个方面。

1）时间上的差异性。随着时间的变化，海域的质量、数量、空间、经济效益等也在不断变化。

2）质量上的差异性。海域的质量并不是均质的，不同海域之间存在差别，同一海域不同层次之间也存在差别。

3）空间上的差异性。海域的空间差异性不仅仅存在于一个国家或一个地区的范围内，即使在一个基本单元内也同样存在水平范围和垂直范围的空间差异。水平范围的空间差异表现为海域表层温度、盐度、密度在经度方向上的差异和纬度方向上的带状分布，以及全球范围有规律的洋流、海底地形从沿岸到深海的带状分布。垂直范围的空间差异表现为水体层在温度、盐度、压力、光照等性质上的差异，以及底层的大陆架、大陆坡、大陆隆、深海平原、洋中脊、海沟等不同地形上的差异。一般情况下，海域水平方向上的差异比垂直方向上的差异有更大的尺度，因此，海域在垂直方向上的差异比水平方向上的差异更显著。

3. 可持续利用的资源宝库

海域的资源性主要体现在以下两个方面。

1）海域本身就是一种自然资源，它是与土地资源相对应的自然资源。

2）海域又是其他各种海洋资源的载体。海域是多种自然资源的统一体，其空间范围内蕴藏着各种自然资源。作为自然资源的海域同其他资源一样，都具有稀缺性。应该说明的是，由于人类的科技水平尚未达到将海洋全部利用或大部分利用起来的程度，因此，海域的稀缺性并不是海域空间供给总量与海域空间需求总量的矛盾，而是某些海域空间或某种用途海域空间的供给稀缺。

4. 开放的生态系统

海洋生态系统是全球最重要的生态系统，影响着全球生态系统的稳定与安全，人类生存及其经济、政治、文化和社会发展均与海洋息息相关。因为海洋互相连通，海洋生态系统具有高度开放性，以至它的任一海域与其邻近的海区、大气层、底土层的物质和能量交换永不停息。因此，人类在开发和利用海域过程中，需要保证海洋生态系统平衡，维持海洋生态系统的稳定性。

5. 海域性质和用途受人类活动的影响

海域是大自然的产物，人类活动始终是影响海域用途和功能变迁的重要因素。港口水域的形成有赖于码头、防波堤、导航设施的修建和航道、锚地的整治；滨海旅游业的发展需要在海滨浴场、海上游乐场、海底世界、海上游乐平台、栈桥等方面建设投资；开展水产养殖、增殖需有台筏、网箱、人工鱼礁、渔船等多种设施。人类活动对海域性质、用途的影响，既引起海域利用方式的改变，也造成海域利用效益的变化。

三、海域的使用方式

海域使用是人们对海域资源的开发利用活动或在海域内从事的海洋经济活动。海域的使用方式除可依据用途的不同进行划分外，还可依据海域使用的时间、目的、方式的不同，划分为不同的种类。

1. 暂时性用海和持续性用海

根据使用时间的长短，海域使用可以分为暂时性用海和持续性用海。暂时性用海是指使用某一特定海域的时间不足三个月的用海活动，如临时性的捕捞用海、旅游用海等。持续性用海是指使用某一特定海域的时间超过三个月的用海活动，如养殖用海、港口航运用海等。

持续性用海并不是海域使用权的永久性出让，而是和土地使用权类似，根据不同用海类型出让一定的年限。《海域使用管理法》对养殖用海，拆船用海，旅游、娱乐用海，盐业、矿业用海，公益事业用海，港口、修造船厂等建设工程用海的最高使用年限都有明确规定。

2. 排他性用海和兼容性用海

根据使用是否具有排他性，海域使用可以分为排他性用海和兼容性用海。排他性用海是指海域使用者在某一特定海域从事相关活动时，其他组织或个人就不能在同一海域从事性质相同的用海活动。兼容性用海是指海域使用者在某一特定海域从事相关活动时，其他组织或个人也可以在同一海域从事性质相同的用海活动。

此外，排他性用海还可以根据用海活动排他性程度的强弱进一步划分为完全排他性用海和部分排他性用海。完全排他性用海是指在某一特定海域仅能存在一种用海活动，如填海造地用海。部分排他性用海是指在某一特定海域能同时存在几种性质不同的用海活动，这些用海活动之间不具备完全排他性，只具备部分排他性权利。

3. 经营性用海和公益性用海

根据海域使用是否以营利为目的，海域使用可以分为经营性用海和公益性用海。经营性用海是指海域使用者以获取经济利益为目的的用海活动，如养殖用海、工业用海、旅游用海等。公益性用海是指海域使用者不以获取经济利益为目的，而以服务公众为目的的用海活动，如科研用海、军事用海、自然保护区用海等。

4. 综合性用海和单一性用海

根据同一海域是否存在多种利用方式，海域使用可以分为综合性用海和单一性用海。综合性用海是指在同一特定海域空间内同时存在多种利用方式的用海活动，例如，在同一海域可以同时存在旅游用海、跨海大桥用海、养殖用海等多种方式的用海活动。单一性用海是指在同一特定海域空间内仅存在一种利用方式的用海活动，如围海用海等。

第二节 自然资本的产生与发展

自然资本是生态经济学的一个概念。自然资本是指自然生态系统中可以为生产和生活提供方便的自然资源存量和环境服务，可以是天然的自然资本，也可以是人造的自然资本。它主要包括水资源、草原资源、能源资源（包括所有的能源类别）、土地资源、矿物资源、海洋资源等。

一、资本的内涵与外延

资本是最基本的生产要素之一，其在经济发展过程中的作用是显而易见的。在人类的发展历程中，资本的含义是在不断拓展的，而资本的内在规定性又约束着资本边界的扩张。

1. 资本概念的扩展

资本是一个非常古老的词语，基本含义是指能够带来剩余价值的价值，一般被当作财富的象征。从广义的角度看，资本除了包括建筑（厂房和住宅）、设备（耐用消费品，如汽车；耐用生产设备，如机床和计算机）、投入产出的存货。还包括人力和非实物资产。人力和非实物资产包括有利于研究和开发的经费所产生的知识、通过教育培训而取得的熟练技术、为增加工人保健费而提高的生产能力，以及因采取诸如土地整治、生态修复、海域用途管制等提高土地、人力等生产要素效率的措施。资本，不管采用哪种形式，其特点都是利用现时生产来创造将来的生产所需的某种资源。

资本有社会属性和自然属性。马克思、恩格斯将资本定义为：“资本不是物，而是一种以物为媒介的人与人之间的一种生产关系”，即资本是一种生产关系，体现了资本的社会属性。从自然属性来看，资本是指能带来增长价值的价值，即为能增值的价值。资本的自然属性存在于资本的使用价值之中，属于生产要素，是生产力的构成部分。

2. 资本的分类

近些年来出现了许多种资本形式，根据世界银行制定的国家或地区财富的新计算方法，资本可划分为四个部分，即人造资本、人力资本、社会资本和自然资本。其中，后三种资本形式的出现拓宽了资本的含义，新资本形式涌现的过程也是资本含义变迁的过程。

（1）人力资本

人力资本是指体现在人身上的技能和生产知识的存量，是后天投资所形成的劳动者所拥有的知识、技能和健康等的总和，是能够物化于商品和服务，增加商品和服务的效应，以此反映劳动力质的差别，并获得收益的价值。人力资本概念的出现从以下几个方面拓宽了资本的含义。

① 资本的含义从一种“物”拓展成为一种存量。人力资本是相对于物质资本提出来的，在此之前，资本是生产资料，是一种“物”。在此之后，资本是一种存量，它既可以是物，也可以是其他存量。

② 资本所反映的关系从物与物的关系拓展到人与物的关系。物质资本反映的是物与物之间的关系，人力资本反映的是人与物之间的关系，即通过人力资本投资可以带来物质财富。

③ 资本不再局限于是一种可让渡的存量，换句话说，可让渡性不再是资本的必要属性。人力资本不能脱离其所有者单独存在，不可转移。没有人能把自己同所拥有的人力资本分开，他必将始终带着自己的人力资本，无论这笔资本是用于生产还是用于消费。

（2）社会资本

社会资本是一个多视角的概念，根据世界银行社会资本协会的界定，广义的社会资本是指政府和市民社会为了一个组织的相互利益而采取的集体行动，社会资本存在于社会结构之中，是无形的，它通过人与人之间的合作进而提高社会的效率和社会整合度。

社会资本有以下特点。

① 公益性。社会资本不仅是一种私人资产，更具有公共物品的性质，也就是说社会资本更具有集体而不是个人的特性。社会资本具有公共物品的特性是社会资本与其他资本最基本的差别。

② 共存性。社会资本的所有者可能是个人也可能是组织，甚至有可能是社会整体。但无论属于谁，社会资本具有不可转让性或者说不可让渡性，每个人拥有的社会资本都是独特的。社会资本与拥有者共存，并有其使用范围。

③ 可再生性。利用得越多，社会资本价值就越大。不同于物质资本，社会资本不会由于使用而减少但会由于不使用而枯竭。它具有可再生性，是非短缺的，会由于不断地消费和使用增加其价值。

（3）自然资本

自然资本是指构成生物物理系统的那些自然资源，为社会提供各种服务。大多数自然资本是社会和人类的共有财产，具有公益性。

自然资本的出现更加拓宽了资本的含义，具体如下。

① 资本所反映的关系继续拓展，自然资本反映的是人与自然的关系，即通过向自然界投资也会带来财富。

② 资本的增值也不仅归结为人的活动。无论是物质资本还是人力资本，实现资本的增值都有赖于人的积极活动，是人们出于主观动机的一种客观行为。但是自然资本不完全是这样，人们可以投资于自然资本使其增值，同时，某些自然资本本身的繁衍同样使之增值。

③ 资本所带来的效益也不限于用货币表现的市场效益。人造资本所带来的效益完全是一种用货币表现的市场效益；人力资本所产生的效益也是如此，只不过测度的技术难度加大。

引入自然资本的概念是一种使自然价值嵌入经济体系的方法。通过权衡，我们可以给自然资本确定一个价格，但这个价格不会是无穷大的。自然资本定价和估值的核心不是某种资源是否有价值，而是这种资源究竟值得花多少经费去保护和改善。如果自然资源都是无价的，那么我们就无法清晰区分哪些资源更重要。

④ 资本作为一种存量，不仅是一种物质的存量，还是一种服务的存量。广义的自然资本不仅包括自然资源的存量，还包括其产生的服务，也可以说自然资本是为人类提供福利的商品，或是生产过程的投入品。资本是一种生产要素，用来生产产品和服务造福人类。之所以称其为“自然的”，是因为这种资本本身不是由人类生产出来的，而是由大自然无偿提供的。

3. 从资本的内在规定性定义自然资本

（1）资本的内在规定性

作为一种新的资本形式，自然资本的出现无疑拓展了资本的含义。一般来说，资本所具有的内在规定性主要有以下内容。

① 资本具有增值性，即资本能够产生大于自身的价值。

② 资本具有投资性，即为了未来的收益而进行投资，这是资本的本质特性。

③ 从当前进行投资到未来获得收益，资本在时间上具有延续性。作为一种存量，资本在任一时点上均可以测度。

（2）自然资本的增值性

自然资本的增值性有如下两个含义。

① 自然资本自身的繁衍和增值。这种繁衍和增值完全是资本的本质属性而不是人类的偏好或意愿所能支配的，更不是为了部分人或个别人。

② 人类进行投资或者保护以促进自然资本实现增值。在增值性上，应该说自然资本是符合资本的内在规定性的。自然资本与传统的物质资本的区别在于物质资本的增值是人类的主观行动使然，而自然资本的增值主要来自其本身的繁衍和科学管理。物质资本具有增值性，对其投资成为获得未来收益的手段。过去人们对自然资本的认识存有偏见，即只注重自然资本的维持。实际上，对自然资本的认识不仅在于维持，更在于投资，维持自然资本只是保证其存量不下降，而通过对自然资本的投资则会在将来产生更大的

收益。

作为一种自然资源，自然资本如果受到严格的保护和积极的投资就会使其存量增加；如果受到严重的破坏，存量则会减少。因此，自然资本在任一时点上是一种存量，这是无可否认的。

二、自然资本的概念与特点

随着自然资本在经济增长中的地位日益显著，越来越多的人倾向于将它视为经济系统的一种生产投入要素，即经济投入从传统的资本、劳动和人力资本扩展到资本、劳动、人力资本和自然资本。自然资本一旦被认作由一系列的资本组成，它就能通过经济计量而被定价。

1. 自然资本、生态系统服务及其相关概念

资本具有多种形式，包括人造资本、人力资本、自然资本和社会资本。资本的多种形式通过相互影响来生产商品和服务，举例说明，渔业捕捞依赖于鱼类资源的可用性（自然资本），而它又依赖于高质量的动物栖息地（自然资本）；但同时，捕捞同样也依赖于捕鱼设备和船只（人造资本）、渔民的技能和经验（人力资本）及渔业管理（社会资本）等。具体来讲，自然资本并不包括人类或者人类的创造物，而是指生态系统中能够有助于产生对人类有价值的商品和服务的自然资源及环境资产的存量。

生态系统通过“生态系统服务”来维持和满足人类的生存。例如，海边的树林、植被能够巩固海岸线，以及减少暴风雨带来的生命及财产损失；海洋能够通过吸收二氧化碳来帮助调节气候等。可以说，生态系统服务是生态系统为人类带来利益或有助于使人类获益的条件和过程。

2. 自然资本与自然资源的概念差异

传统的自然资源的概念，仅涵盖了庞大自然生态系统中极其微小的部分产出，核算了它们的短期市场价值，却忽视了一个重要方面，那就是正在受到威胁的自然资本才是所有国家乃至全人类生存与延续的根本。自然资本概念强调地球上最为基础的自然生态构成，包括土壤、空气、水域、植被，以及人类赖以生存的整个生态系统，并认为它们是不可分割的整体，各个组成部分之间存在复杂的关联。

传统自然资源的概念仅考虑了大自然给人类带来的直接、短期的经济福利。自然资本的概念则强调自然、生态、环境作为一个整体给人类的间接、含蓄，但是全方位的生态服务；而这些服务中仅有极小部分能够被现有市场和经济体系所识别和测量，其他诸如维持人类社会存续、调节气候、维护生物多样性等内容则考虑不足。

经济系统的核心是通过短期市场商品的生产和消费来获利，但它是以消耗对长远人类福利极为必要的自然资本为代价的，可以说这是一种本质上的“成本-收益”不对称。要缓和这种不对称的情况，需要人们更好地了解自然资本对于维持人类福利的作用，从而改变对自然资本的使用习惯；需要将对自然资本的认知整合到决策和政策中去，从而进行具有长远规划的管理实践工作。

3. 自然资本的特点

作为一种资本类型，自然资本的主要特点如下。

1）不可替代性。自然资本作为人类的物质基础，是不可替代的，至少不能完全替代。

2）多功能性。自然资本能够同时实现多种功能。例如，一个单独的生态系统或自然资源（如海洋）可以同时实现其生产、调节、生境和信息功能。

3）可恢复性。自然资本内部各种生物要素和非生物要素协同合作，能够适应外部变化，并借助外力得到恢复，一个生态系统的生物多样性水平与其可恢复性的强弱直接相关。

4）动态性。虽然自然资本以静态的形式表现，然而其组成却是复杂的，从而引起生态系统的不断变化。实际上，自然资本一直处于一种动态的平衡之中。

第三节 海域自然资本测度的基本理论

一、自然资本测度的概念

通过构建基于社会属性的自然资本评估框架体系，可以为人们提供研究自然资本的新途径，帮助公众树立自然资本的观念，使之了解自然资本的价值；可以正确评价自然资本的价值，为政府做出合理决策提供科学依据，为自然资本管理机构的经营管理提供指导性帮助，以便更好地管理自然资本，协调好保护与利用的关系，实现资源的可持续利用。

1. 主要概念

资源是一切可以被人类开发和利用的物质、能量、制度、文化、信息和智慧等各种形态财富的总称。资源投入生产过程析出生产要素和资本的概念。投入到生产过程的资源是生产要素，而对于资源的所有者则具有资本权益。因此，生产要素是指生产中所使用的各种资源。资本分狭义和广义两种：狭义的资本是对生产要素的权益，具有无形性，体现生产关系，交易的标的是权益；广义的资本既包括实物状态的生产要素，也包括对生产要素的权益。产品是生产的成果，商品是用来交换的资源和产品，体现交换关系，交易的标的是实物或行为。资本和商品在不同领域进行交易，资本交易在虚拟市场进行，商品交易在实体市场进行。资本交易时不转移对实物的占有权，体现所有权与经营权分离的经营理念；商品交易时转移对实物的占有权，体现等价交换的价值观念。

2. 自然资本与生态系统

自然资本是以自然资源和环境特定物投入生产的资本，体现自然资源和环境与人类生产的关系，具有自然属性和社会属性。生态系统则是由生物环境和非生物环境相互作用所构成的一个动态、复杂的功能单元。自然资本不仅定义了自然资源和环境的自然属性，还定义了资本的社会属性，凝聚了人类的生产关系。生态系统描述了自然资源和环境的内在一体性，体现自然的过程和状态。

研究自然资本时，充分利用生态学和经济学等学科知识，对生态可持续发展、经济可持续发展等问题进行深入研究，把生态系统服务价值纳入经济核算体系，实现自然规律与经济规律的对接。

生态系统服务有广义和狭义之分：广义的生态系统服务既包括提供实物形态的产品服务，如向人类提供所需的食物、医药及其他工农业生产的原料，又包括向人类提供更多类型的非实物形态的生态服务，如害虫控制、昆虫传粉、渔业、土壤形成、水土保持、气候调节、洪水控制、物质循环与大气组成等方面；狭义的生态系统仅指非实物形态的生态服务功能，不包括生态系统提供的实物形态的产品服务功能。但是由于功能、产品和服务紧密相关，多数学者将生态服务和产品服务统称为生态系统服务，故本书亦采用广义生态系统服务的概念。

3. 生态系统评估、生态系统服务价值评估与自然资本测度

生态系统评估是指通过系统分析对人类生存及生活质量有贡献的生态系统的生产及服务能力，开展对生态系统进行健康诊断，做出综合的生态分析和经济分析，评价其当前状态，并预测生态系统今后的发展趋势，为生态系统管理提供科学依据的过程。生态系统服务价值评估和自然资本测度是以生态学为基础，运用经济学方法进行经济评估。生态系统评估告诉人们生态系统的历史演变状况、现状和未来的变化，生态系统和人类福祉的关系，其结论是一个概念。生态系统服务价值评估和自然资本评估的结论告诉人们尊重自然资本的价值，经营自然资本价值。生态系统服务是指对人类生存及生活质量有贡献的生态系统产品和生态系统功能。生态系统服务价值评估和自然资本评估的区别在于：生态系统服务价值评估基于自然资本的自然属性的评估，是自然资本评估的范式之一。生态系统服务价值评估的对象是服务，是对服务功能价值进行的评估。自然资本评估还包括基于自然资本社会属性的评估，评估的对象是资本，产品是资本的孳息，是对资本化自然资产的收益、资本经营进行的评估。

二、海域自然资本的核算与测度

1. 最大效益标准

海域作为海洋生产的基本要素，具有不同的经济用途，而不同的用途会带来不同的经济效益。由于人们对海域自然资本价值缺乏足够的认识，在海域开发利用过程中，只重视海域的经济价值，忽略了其所具有的各种生态价值和社会价值。因此，在对海域自然资本价值进行测度时，实现其价值的最大化是要对海域不同功能进行合理界定及确定海域资源最佳配置比例，从而实现海域自然资本价值的最大化。

2. 海域等级划分

海域自然资本价值的计量还要以海域等级为标准。海域等级的划分是对海域自然资本价值在质方面的评判，海域价值或者使用价格则是对海域自然资本价值在量方面的评判。

海域分等是根据海域的自然和经济两方面属性及其在社会经济活动中的地位与作

用，评定海域的各种要素对社会经济活动需求的满足程度，进而综合评定和划分海域等级。而海域定级是针对一定海域范围和一定海域使用类型，通过对海域质量、开发潜力、收益水平的区域差异规律进行研究，按质量、收益水平高低排序的以级（或等）表示的海域定级单元。

海域分等充分考虑依托陆域的宏观地理位置和海域自然特性，分析由于区位条件及自然资源的不同对海域使用造成的效益差异，将社会、经济和自然条件等类似的市、县（市）海域划归为同一等海域，而存在明显差异的市、县（市）海域划归为不同等级海域，其结果与依托陆域的海域在社会、经济特征上，与区域经济发展水平保持相对一致。

3. 代际公平标准

代际公平是指当代人和后代人在利用自然资源、满足自身利益、谋求生存与发展上的权利均等，即当代人必须留给后代人满足其生存和发展需要的环境资源和自然资源。海域自然资本的界定及价值计量就是要解决海域资源福祉最大化，并实现海域资源在代际之间的公平分配，实现海域资源的可持续利用。

三、海域自然资本核算的意义

海域具有海水的流动性、资源的共享性等特点，这决定了海域使用过程中容易受到其他活动的影响。在海域利用过程中，通过对海域自然资本管理，可以确定每一层或者每一种海域资源的产权及其使用权等，以此来规范相关权利主体的用海行为，减少各用海行为之间的冲突和影响。

1）可以有效避免“公地悲剧”现象，从根本上理顺国家、用海主体之间的权属关系，并对用海主体之间的相互影响进行协调，有效遏制因海域无偿使用而引发的开发无度、利用无序的混乱状况。因此，有利于吸收对海域进行开发利用的长期投资，加速海洋产业的集约化生产和经营，提高劳动生产率和海域资源利用率。

2）海域自然资本管理既要考虑同一海域不同层次海域资源的协调和可持续发展，又要考虑同一海域不同层次用海项目之间的协调发展，还要考虑特定海域与相邻海域之间的相互关系；既要追求提高海域资源配置效率的优化目标，又要注重海域资源的公平分配原则；既要注重海域资源的合理开发利用，又要兼顾海域资源的保护与治理。因此，能够确定不同海域最佳主导功能和附属功能，可以为制定科学的海洋产业发展规划提供科学论证，实现海洋产业结构和布局的优化，最大限度地发挥海域的经济、生态、社会效益，并协调各产业、各用海方式间的关系，实现经济、环境、社会的可持续发展。

3）海域是重要的生产资料，又是有增值潜力的资产。随着海域自然资本市场的建立和成熟，海域将逐渐成为具有吸引力的投资场所。海域自然资本市场建立必须以市场机制为基础，这是海域权属管理尊重市场规律的必然选择。因此，有利于培育海域使用权市场，促进海域使用权的转让、招标、拍卖等市场化经济活动的开展，提高劳动生产率和海域资源利用率。除此之外，市场化的配置方式可以将海域资源从利用效率低、效益差、对生态环境破坏大的用海项目向利用效率高、效益好、对生态环境破坏小的用海项目转移，实现同一海域不同层次资源的优化配置，充分发挥资源的价值和功能，提高海域资源的配置效率。

第二章

海域的特征与分类

地球表面积约 5.1 亿平方千米，其中，海洋面积约 3.61 亿平方千米，陆地面积约 1.49 亿平方千米，海洋面积占地球表面积的 70.8%。海洋是地球上广阔的连续水体的总称，由洋、海、海湾、海峡等部分组成。洋是海洋的中心部分、主体部分，一般远离大陆，面积广阔，各大洋彼此相通，海水不停地交换着，洋的总面积约占海洋面积的 90.3%。海是海洋的边缘部分，被陆地环抱或被岛屿分割而成，海的面积约占海洋面积的 9.7%。四大洋共有 54 个附属海，其中，太平洋 24 个、大西洋 16 个、印度洋 4 个、北冰洋 10 个。

第一节　海域资源及其特点

一、海与洋

海洋是地球上广阔的连续咸水体的总称，但海与洋并非同一类事物，海洋的中心部分称洋或大洋，濒临陆地的边缘部分称海，两者相互连通为一体统称海洋。

1. 洋

洋是海洋的主体，一般远离大陆，具有深度大、面积广、不受大陆影响等特性，并有稳定的理化性质、独立的潮汐系统和强大的洋流系统。地球上有四大洋，即太平洋、大西洋、印度洋和北冰洋。太平洋面积最大，约占地球表面积的 1/3，平均深度最大，周围主要被山脉、海沟和岛弧系所环绕，使得深海盆地与陆地隔离开来，大部分区域不受陆源沉积作用的影响；大西洋是第二大洋，面积约相当于太平洋面积的一半，是一个相对狭窄，在北极和南极之间延伸的“S”形深海盆地，起着使极地大洋寒冷的底层水流进入世界大洋通道的作用；印度洋居第三位，大部分居于南半球；北冰洋面积最小，水深相对较浅，呈圆形、中心在北极并被陆地包围着的极地洋，一年中的大部分时间覆盖着厚达 3～4 米的海冰。此外，人们还将环绕南极洲的水域称为南大洋或南极海域。

2. 海

海是指濒临大陆，位于洋边缘，被大陆、半岛、岛屿或岛弧所分割的许多具有一定形态、附属于各大洋的水域。海的面积和深度都比洋小，既受洋主体部分的影响，也受大陆的强烈影响，其理化性质也不像洋那样稳定。

海按其所处地理位置和特征可分为陆间海、内海和边缘海。陆间海位于相邻两大陆之间，深度大，有海峡与相邻的海洋沟通，其海盆不仅分割大陆上部，也分割着大陆的基部，如欧洲和非洲之间的地中海，南美洲与北美洲之间的加勒比海。内海深入大陆，深度一般不大，被陆地所环绕，仅通过狭窄的水道跟外海或大洋相连的海，虽与海洋有不同程度的联系，但受大陆影响更明显。有的内海与众多国家毗邻，如波罗的海；有的内海只是一个国家的内海，如我国的渤海。边缘海是位于大陆和大洋边缘之间的海，其一侧以大陆为界，另一侧以半岛、岛屿或群岛与大洋分开，但可以自由地沟通，如东海、南海等。

海按其封闭形态不同可分为海湾和海峡。海湾是海洋深入陆地，且深度、宽度逐渐减小的水域，如渤海湾、北部湾等。海峡是两侧被陆地或岛屿封闭，沟通海洋与海洋之间的狭窄水道，如台湾海峡、渤海海峡、琼州海峡和马六甲海峡等。

3. 海洋与中国

中国是一个海洋国家，东南两面为海洋所环抱，北起辽宁省的鸭绿江口，南至广西壮族自治区的北仑河口，海岸线漫长，海域辽阔，海洋资源丰富。濒临中国大陆的西太平洋边缘海有黄海、东海、南海及内陆海渤海，四海相连，呈北东转南西向的弧形，环抱亚洲大陆的东南部。渤海、黄海、东海和南海的分界线是：渤海与黄海以辽东半岛南端的老铁山角至山东半岛北端蓬莱角的连线为界；黄海和东海以长江口北角的启东嘴至韩国的济州岛西南连线为界；东海和南海以广东南澳岛至台湾地区南端的鹅銮鼻连线为界。依照《联合国海洋法公约》规定的200海里专属经济区制度和大陆架制度，中国拥有约300万平方公里的管辖海域。

渤海古名沧海，是我国的内海，由山东半岛和辽东半岛所环抱，面积约7.7万平方公里。渤海为峡湾式浅海，由辽东湾、渤海湾和莱州湾组成。其东部以渤海海峡与黄海相通，渤海海峡宽约106千米，南北向排列着庙岛群岛，其沿岸的重要港口有营口、葫芦岛、唐山、秦皇岛和天津港等。

黄海是全部位于大陆架上的一个半封闭的浅海，因古黄河入海携带大量泥沙使水色呈黄褐色而得名。习惯上将黄海一分为二，其间以山东半岛的成山角至朝鲜半岛的长山串一线为界，以北叫北黄海，以南叫南黄海。黄海面积约38万平方公里，平均深度44米，其沿岸的重要港口有大连、旅顺、烟台、威海、青岛和连云港等。

东海位于中国岸线中部的东方，西有广阔的大陆架，东有深海槽。东海的面积约77万平方公里，平均深度370米，主要是一个较为宽阔的浅海，其沿岸主要港口有上海、宁波、温州、福州、泉州、厦门、基隆和高雄等。

南海又名南中国海，北依中国大陆，南至加里曼丹，西靠中南半岛和马来半岛，东濒菲律宾群岛，纵跨热带和亚热带，是以热带海洋性气候为主的海。南海面积约350万平方公里，平均深度1 212米，其北海重要港口有汕头、深圳、香港、广州、澳门、湛江、北海、钦州、防城港和海口等。

中国有大陆岸线18 000多千米，拥有6 500多个面积在500平方米以上的岛屿以及长山群岛、庙岛群岛、舟山群岛、万山群岛、东沙群岛、西沙群岛、中沙群岛、南沙群岛等一系列群岛等。

二、海域资源的特征及分类

1. 海域资源的特征

海域资源与土地资源一样，是重要的自然资源，它的资产价格（或征收标准）反映了海域资源的稀缺度。海域资源是以海域作为依托，在海洋自然力作用下生成的广泛分布于整个海域内，能够适应或满足人类物质、文化及精神需求的一种被人类开发和利用的自然或社会资源。可见，海域资源具备两个显著特征：一是海域资源能够适应或满足人类的需要，对人类具有有用性，或者说海域资源对人类具有价值；二是海域资源不完全是自然资源，还有社会资源（如历史文化资源），它是数千年以来人类开发和利用海洋的过程中形成的一种精神积淀。海域资源是国家基础性自然资源和战略性经济资源，稀缺性十分突出。

2. 海域资源的分类

1）生物资源（包括海洋动植物资源）。生物资源是指海域中种类繁多、储量丰富且可再生的动植物资源，它不仅可以弥补陆生食物资源的不足，丰富人类的食物种类和营养结构，提炼、制作出多种药物，还可以提供多种重要的工业原料。

2）非生物资源（包括油气、矿产和海水资源等）。在海域底土中还蕴藏有丰富的石油、天然气和金属矿产资源。在陆地资源日渐匮乏的情况下，这些海底资源对人类生存与发展的意义日益增大。

3）空间资源（包括海岸与海岛、海面、海域及海底水体空间资源等）。空间资源中海岸与海岛空间资源可用来发展工业、农业和旅游业等；海面空间资源既可用来开辟航道，也可用来建设海上人工岛、海上机场等；广阔的海域空间不仅是渔业生产的必要场所，也是军用和民用水下交通工具的运行空间；海底水体空间资源，可用来进行海底电缆和输油管道等的铺设、海底隧道的开凿，还可进行海底仓储、海底倾废等。

4）可再生性能源（包括潮汐能、潮流能、波浪能、海洋风能、温差能等）。广阔的海洋及近海海域中有丰富的海洋可再生性能源，这类能源如能有效利用，将会极大地造福于人类。

三、海域资源的特点

随着人类对海洋的认识和开发的不断加深，海洋在经济发展中的地位越来越重要，海域资源越来越受重视，海域资源的特点如下。

1. 稀缺性

随着经济和社会的发展，人类对海洋资源的过度开发利用及向海洋排入大量的污染物，造成了海洋环境和资源的严重破坏，最终损害了海洋生态系统，影响了人类社会的可持续发展。随着海域资源的减少，人类对其的需求不但没有下降，反而持续上升。这种现象表明，相对于人类的需求而言，海域资源日益稀缺，其价值越来越高。

2. 权属性

《海域使用管理法》第三条规定："海域属于国家所有，国务院代表国家行使海域所有权。任何单位或者个人不得侵占、买卖或者以其他形式非法转让海域。单位和个人使用海域，必须依法取得海域使用权。"海洋是重要的国土资源，国家是海域所有权的唯一主体，由国务院代表国家行使海域所有权，按照法律规定，相关单位或者个人只能取得海域的使用权。海域使用权来源于国家海域所有权，海域申请人获得海域使用权以后，可以在规定的时间内对某一特定海域进行持续和排他性的利用，具有对海域资源占有、使用、收益和（有限的）处分的权利。

3. 动态性

海域的资源、环境是动态变化的。由于人类每年向海洋中排放大量的废弃物和污染物，造成海域的大面积污染，赤潮发生的频率和危害性不断提高。此外，围垦、海上运输等人类活动亦对海洋生态系统造成了不同程度的损害，导致了海域自然资本的降低。相反，如果人类在开发海洋中按照可持续发展的理念，采取科学、合理的开发方式和先进的技术，开发强度控制在海洋的承受能力以内，同时对于退化的自然资本采取一定的措施加以修复，海洋服务则会增强，其自然资本价值也会相应提高。

4. 整体性

整体性是指海洋各个组成部分和要素之间构成一个有机的整体。在海洋生态系统内，生命系统和非生命环境之间及生命系统内部、环境系统内部都存在着物质循环、能量流动和信息传递，系统的各个组成部分以一定的结构通过物质循环、能量交换和信息传递而结合在一起来表达自身的功能。海洋生态系统平衡的维持是以系统结构的稳定和功能的正常发挥为前提的。海洋生态系统某种功能的受损或缺失会影响其他功能的发挥，造成海域资源的退化，甚至会导致整个海洋环境的灾难。因此，人类在开发利用海洋的过程中，应深入研究各项功能及它们之间的关系，以避免在开发利用某一种功能时损害其他功能。

总之，只要人类开发海洋的活动控制在一定的水平，不超过海洋自身调节能力和可再生能力，就可以使海洋源源不断地为人类提供所需的产品和服务。

第二节　海洋利用的特点和可持续利用

一、现代海洋利用的特点

由于海洋距离陆域位置不同，海底地貌和地质状况不同，以及海水各层尤其是表面水温、盐度、气体组成、水层动态生物分布等方面存在差异，海洋存在着区域差异。

1. 海域使用的多宜性和使用方式的立体性

海洋的自然属性决定了自身的多功能性和多价值性，形成了同一海域多种功能的重叠，相应地表现出海域开发利用的多宜性，如在一定海域可以捕捞、养殖及航行，也可以开采矿物和制盐等。海域不仅是既有广度、又有深度的立体空间，也是集多种资源和功能于一身的立体空间。海域的立体性既决定了海域的水面、水体、海床和底土等自身资源的立体分布，也决定了以海域作为载体的其他海洋资源也是立体分布的。为此，海域开发利用过程要考虑综合利用各种资源和空间，选择资源配置的最优途径。通过时空范围的限制和约束，海域开发活动与海域主导功能协调一致，保证海域可持续发展。

海洋资源的利用方式如下。

1）直接消费。例如，鲜鱼可直接食用。

2）中间生产过程的消费性利用。例如，用于加工的原料投入。

3）原位利用。一般是指对尚未开发的资源进行就地利用，如海底珊瑚礁、海岛风光的观赏。

2. 海域使用的关联性和综合性

海域使用关联到海洋水文、地质、生物等多学科，涉及海洋水产、交通、能源、旅游等多行业。海域使用具有多目标、多因素等综合特征。因此，海域使用要以资源环境可持续发展、社会进步、经济发展和生态保护为基本出发点，要确保总体目标的实现，协调好各方面的关系，兼顾经济效益、社会效益和环境效益。

3. 海域使用的战略性

海域开发利用是一种具有全局性、长远性和稳定性的战略行为。同时，海洋开发应从长远着眼，克服以掠夺资源和以破坏生态为代价的短期行为。为确保海域利用的连续性、稳定性，从目标制定到组织实施过程都要认真研究，实行有序开发。

4. 海洋开发的高技术和高风险性

海洋领域是一个综合性强、技术密集的特殊领域。海洋环境的严酷性和海洋资源的复合性，决定了海洋资源的开发和保护对科学技术的高度依赖性海洋高技术是一个包括海洋科学、海洋技术、海洋开发和海洋经济众多学科门类的综合技术领域。海洋是一个巨大的开放性复杂系统、海洋环境的复杂多变，决定了海洋必须依靠高技术的发展。海洋系统的复杂性和海洋高技术的综合性决定了海洋高技术研发和应用的高风险性。而且随着技术的发展，海域开发利用的空间也在扩展，由浅海逐渐向深海迈进，对技术的依赖性也在增强，其技术研发和应用的风险也在提高。

5. 海域使用共享性与外部性

共享资源是指一定范围内任何主体都可享用的资源，如国家公园、野外游乐地、自然界的空气和阳光、公海等。由于海域具有功能的多宜性和水体的流动性，因此海域是一个无法分割的空间整体，组成海域系统的各个子系统与要素之间的关系是彼此独立但又相互联系、相互依存和相互制约，各项活动具有明显的外部性。海洋资源属于典型的公共资源，其产权难以界定。例如，海洋水体覆盖下的生物资源可以游动，深海和公海资源尤其如此。

二、海洋的可持续利用

海洋是人类可持续发展的重要基地，海洋是人类未来的希望，开发利用海洋是解决当前人类社会面临的人口膨胀、资源短缺和环境恶化等一系列难题的重要途径。海洋开发利用的前景诱人，世界上许多沿海国家视海洋为开拓地，制定面向海洋、开发海洋、向海洋进军的策略。人们已经认识到，21 世纪是人类大规模开发、利用、建设和保护海洋的新世纪。建设海洋强国是中国特色社会主义事业的重要组成部分。党的十九大做出“中国特色社会主义进入新时代”的重大判断，明确要求“坚持陆海统筹，加快建设海洋强国”，国家海洋事业发展进入新时代。海洋资源作为经济发展的战略要素，尤其是随着我国大陆经济资源和空间的萎缩以及环保约束的不断加紧，向仍处于待开发阶段的海洋要资源、要增长、要空间、要环境、要财富是我国经济发展的必然方向。海洋特殊属性使海洋经济发展不同于陆域经济，呈现出特别的区域特征。

1. 海域可持续利用的概念

可持续发展是不断提高人们生活质量和环境承载能力、满足当代人需求而又不损害后代人满足其需求能力、满足一个地区或国家人民需求而又不损害其他地区或国家人民需求的发展。

海域可持续利用是可持续发展概念在海洋领域的一种体现，谋求海域可持续利用是我国可持续发展政策在海域使用中的具体落实。1996 年制定的《中国海洋 21 世纪议程》，把海洋可持续利用列为我国海洋事业可持续发展战略的重要组成部分。参照可持续发展的定义，海域的可持续利用是指海域的开发利用应当建立在海洋环境和生态可持续的前提下，既要满足当代或本地人们的需要，实现海洋经济的快速增长，又不对后代或其他地区人们满足其需求的能力构成危害。

2. 海域可持续利用的现实意义

我国是一个海洋大国，根据《国家海洋事业发展“十二五”规划》《全国海洋功能区划（2011—2020 年）》可知，拥有大陆海岸线总长 18 000 多千米、面积在 500 平方米以上的海岛 6 900 多个，岛屿岸线总长 14 000 多千米。根据《联合国海洋法公约》有关规定和我国的主张，我国管辖的海域面积约 300 万平方千米，其中内水和领海面积约 38 万平方千米，可利用的海域面积十分广阔。

作为海洋国土的主体，海域是各种海洋开发活动的空间基础和海洋资源载体，是宝贵的海洋空间资源。因此，要实现海洋各项事业的可持续发展，先要保证海域的可持续利用。

海域可持续利用要求海域使用必须科学、合理，发挥海域资源的最佳效益，维护良好的海洋生态环境，避免对海域资源进行破坏性的开发。《海域使用管理法》选择海洋功能区划作为指导海洋开发和海域使用管理的依据，并通过建立海洋功能区划制度来保障海域的合理利用。例如，《海域使用管理法》规定，国家实行海洋功能区划制度。沿海县级以上地方人民政府海洋行政主管部门会同本级人民政府有关部门，依据上一级海洋功能区划编制地方海洋功能区划。海洋功能区划的编制应按照海域的区位、自然资源和自然环境等自然属性，科学地进行；应根据经济和社会发展的需要，统筹安排各有关行业用海；应保护和改善生态环境，保障海域可持续利用，促进海洋经济的发展；养殖、盐业、交通、旅游等行业规划涉及海域使用的，应当符合海洋功能区划；沿海土地利用总体规划、城市规划、港口规划涉及海域使用的，应当与海洋功能区划相衔接。海域使用必须符合海洋功能区划，县级以上人民政府海洋行政主管部门依据海洋功能区划，对海域使用申请进行审核。国家严格管理填海、围海等改变海域自然属性的用海活动。此外，为给海域使用审批提供科学依据，《海域使用管理法》还要求针对用海项目开展海域使用论证，对申请使用海域的区位条件、资源状况、区域生产力布局、用海历史沿革、海域功能、海域整体效益及灾害防治、国防安全等方面进行调查、分析、比较和评价。

第三节　海域使用的含义与分类

一、海域使用的含义

海域作为海洋空间资源，是其他海洋自然资源，如海洋渔业资源、海洋矿产资源的载体，海洋开发利用活动离不开对海域空间的占用，如海底石油天然气开发、海水养殖与捕捞、海洋盐业与海水综合利用、海岸和海洋工程建设、海洋自然保护区和特别保护区建设、海水浴场和海洋旅游、陆源废污水排放、港口建设和海上交通运输、海上机场和海上城市等。随着经济和社会的发展及科学技术的进步，人类使用海域的深度和广度不断提高，海域的用途越来越广。

海域使用从广义上讲，是指人类依据海域区位、资源与环境的优势所开展的一切开发利用海洋资源的活动和在海域从事的海洋经济活动。

随着社会经济的发展，沿海地区海洋资源开发利用活动越来越多。为了加强海域管理，促进海洋资源的有偿、有序、合理、可持续利用，国家出台了《海域使用管理法》。根据《海域使用管理法》，在中华人民共和国内水、领海持续使用特定海域三个月以上的排他性用海活动，适用该法。这一概念概括了海域使用的如下四个特征。

1）使用的海域是特定的，利用海域的任何一部分，如水面、水体、海床、底土，均构成海域使用。如电缆管道虽只占用底土，但也属于海域使用的一种类型。

2）固定使用海域，而非游动性使用，如航行、捕捞等则不属于海域使用。

3）持续使用海域，且时间在三个月以上。

4）使用主体具有排他性，即只要某一开发利用活动发生后，其他单位和个人则不能在此海域中从事性质相同的开发利用活动。

同时具有上述四项特征的海洋开发利用活动，才属于海域使用。满足上述 1)、2) 和 4) 点，时间不足三个月但可能对国防安全、海上交通安全和其他用海活动造成重大影响的用海活动即为临时海域使用。

二、海域使用分类的原则

进行海域使用分类是合理利用海域资源、实现海域可持续利用的需要，也是国家实行海域有偿使用制度、规范海域管理的需要，其原则如下。

1. 科学性

做好海域使用分类工作，应该在自然科学和社会科学多学科综合研究的基础上，运用科学的技术和方法，充分考虑海域的自然资源环境与海域开发利用之间的关系，发挥不同领域专家的作用，进行科学、合理的海域使用类型划分，以指导海域的开发利用。

2. 实用性

海域使用分类是依据海域的自然属性和社会经济属性，坚持陆海统筹、区域协调、突出区域特色，统筹海域立体空间综合利用，海域合理、有序、有度使用为导向，进行用海类型划分。

3. 客观性

海域使用是一种发生在海域自然生态系统的人为活动，进行海域使用类型的划分，坚持生态优先，绿色发展，尊重自然规律、经济规律和城乡发展规律，科学有序统筹布局生态、生产、生活等用海空间，划分各类海域保护线，强化底线约束，准确把握海域的开发利用类型与海洋生态系统之间的关系，使之符合生态系统的客观性要求，为可持续发展预留空间。

三、海域使用的分类

根据使用目的、方式等的不同，海域使用可以划分为如下种类。

1. 按使用海域时间的长短，可以分为暂时性用海和持续性用海

暂时性用海是指使用特定海域不足三个月的用海活动，如某些临时性的捕捞用海、旅游用海等。持续性用海是指使用特定海域三个月以上的用海活动，如养殖用海、填海造地用海、临海工业用海、港口航运用海等。

根据国家有关规定，持续性使用海域需要办理海域使用证，某些经营性用海活动需要缴纳海域使用金。持续性用海不是永久性用海，有一定的年限限制。《海域使用管理法》规定，养殖用海使用权的最高年限为 15 年，拆船用海使用权的最高年限为 20 年，旅游、娱乐用海使用权的最高年限为 25 年，盐业、矿业用海使用权的最高年限为 30 年，公益事业用海使用权的最高年限为 40 年，港口、修造船厂等建设工程用海使用权的最高年限为 50 年。

2. 按海域使用者的经济目的，可以分为经营性用海和公益性用海

经营性用海是指海域使用者以营利为目的的用海活动，如养殖用海、工业用海、旅游用海等。公益性用海是指不以营利为目的、服务于公众利益的用海活动，如锚地用海、航道用海、港口基础设施用海、军事用海、科研用海和自然保护区用海等。

3. 按用海主体是否具有排他性，可以分为排他性用海和相容性用海

排他性用海是指只要某一开发利用活动发生后，其他单位和个人就不能在此海域中

从事性质相同的开发利用活动。相反，相容性用海是指某一开发利用活动发生后，其他单位和个人可以在此海域中从事性质相同的开发利用活动。

4. 根据用海行为对海域属性的改变程度，可以分为填海造地用海、围海用海、不改变海域自然属性的用海、其他用海

填海造地用海是指在沿海筑堤围割滩涂和港湾，并填成土地的工程用海。根据填海后形成土地的利用方式，还可划分为建设用填海造地，农业用填海造地，码头、堤坝、桥墩、路基工程填海等。这种用海类型完全改变了海域属性，使"沧海变桑田"，对海洋环境、海域生态服务价值的影响很大，应严格控制。围海用海包括港池、养殖、盐田、蓄水等把开放式海域变成封闭或半封闭海域的经营活动用海。海水养殖、浴场、游乐场、码头前水域、航道、锚地等不填不围的用海为不改变海域自然属性的用海。其他用海是指上述用海类型以外的用海活动。

四、海域环境容量管理

海域独具的自净能力是海域环境容量的基础，科学、合理地利用好海域环境容量这一宝贵的资源，在海洋环境的分类管理中具有十分重要的实用意义。

1. 海域环境容量的概念

海域环境容量问题属于海洋环境科学中的基础理论问题。这里按照"水环境容量"概念的引申，将海域环境容量定义为根据海域的环境功能及一定海水质量标准确定的对污染物的容纳能力。该容量的大小与海域特征、海水水质目标及污染物特性有关。海域特征是指海域范围、海底地形、海流、海水的物理化学性质及水生生物状况等，它决定着海域对污染物扩散稀释能力和自净能力；海水水质目标是指海域所能满足的环境功能指标，它包括工业用水功能、旅游娱乐功能、航运功能等；污染物特性是指海域污染物种类及其稳定性能。

海域环境容量的概念反映了一定功能条件下海域环境对污染物的承受能力，它是海域环境目标管理的基本依据，是海域环境规划的主要约束条件，也是污染物总量控制的关键参数。这里需要强调指出，"海域环境容量"概念在使用中应注意如下方面。

1）水体的空间无限性，计算中总会有开边界的存在，所谓"海域环境容量"只能是在所指定的海域范围内的环境容量。

2）时间上的变化，海洋的水交换性随时间在变化，海域环境容量实际上是在一个动态过程中的量。在实际工作中遇到的海域环境容量问题，绝大多数是指定在一特定近岸海域内的平均时态，而非抽象的概念。

海域环境容量理论与方法常常用于近岸海域环境功能区划、近岸海域环境规划、实施污染物排海总量控制规划和制定海洋环境标准等有关海洋环境管理的工作中。

2. 海域环境容量的资源特征

一切自然水体，尤其是占地球表面积 70.8%的海洋水体，具有较强的物理能、化学能和生物能。如前所述，这种能量对污染物的降解作用很强，能转化和减少污染物，可

以部分代替污水的人工净化，从而节约治理成本。这种通过容量所包含的有污染缓冲作用的能量，也属于资源范畴，它与直接用于生产和生活的水资源一样，都具有相同的资源价值。在近海，由于海湾的封闭程度不同、海洋动力学条件的差异使海域的环境容量有明显的不同。封闭程度大的海湾水体交换能力差，海域环境容量小；而开放的海湾利于水体交换，海域环境容量大。在海域环境容量大的地区可以布局污染物排放量大的工业，而在海域环境容量小的地区则应严格控制工业的发展，以免造成海域污染。

3. 海域环境容量在海域自然资本管理中的应用

海域环境容量是指在充分利用海洋的自净能力和不造成污染损害的前提下，某一特定海域所能容纳的污染物质的最大负荷量。海域环境容量的大小即为特定海域自净能力强弱的指标。随机稀释容量理论方法可以用来真实地反映受纳水体的水文条件和污染源排放的随机情况，比较科学地确定污染源的允许排放量，以适应水环境容量的时空不均匀特征。

由于海域地理位置不同，地形特点和地质结构存在差异，海流、潮汐、风浪特征存在差异，背景值存在差异，海域使用功能存在差异，以及排放污水的水质水量存在差异，所以不可能完全使用同一排放标准，但也不能没有管理标准。污水海洋处置控制标准按海湾、河口和开放海域三种不同地形的海域在纳污能力上的差异分为三类，体现出分区、分级管理。

具体来说，首先通过对海域水质资料及入海污染源的分析，建立排放源与受纳水体之间的输入-响应关系，从而可以确定满足受纳水体水质功能要求的污染初排放总量。然后以充分发挥受纳水体的自净能力为前提，将允许排污总量优化分配到相应的排放源，形成以容量总量控制为核心目标的分期目标管理。

4. 海域环境容量的科学管理

接纳和再循环由人类活动产生的废弃物是海洋的一大功能。海洋由于其本身特有的净化能力对人类活动的排放物（污染物）有一定的承受量或负荷量，即通常所说的海域环境容量。

虽然海水具有的巨大物理能、化学能和生物能，能够加快大部分污染物的降解，但必须要科学、合理地利用这一自净能力，做好排污总量控制和排放方式科学，遵循海水自净的规律。根据海域生态健康需求明确海域水质保护目标，确定海域环境容量，提出区域和行业入海排污总量控制指标，优化海岸带人类活动和空间布局。

人是生态经济系统中最活跃、最积极的因素，人类通过利用自然、改造自然来满足社会发展的需要。从社会经济意义上说，人是生产者；而人为了生存和社会的发展又必须进行衣、食、住、行的生活资料消费和物质再生产的生产资料消费。这样，人又是生态意义和社会经济意义上的消费者。在历史发展的长河中，人类天然具有向海、亲海的意愿，同时由于人口的急剧增加，也大大加剧了对海域环境的压力。对此，人类必须自觉地严格控制自身的增长，科学地把握对海洋资源开发利用的限度，从而使自然生态系统免遭破坏，使社会经济的持续发展成为可能。

第三章

海洋区划和资源配置

区划即区域的划分，功能区划即按功能对区域进行的划分。海域环境功能区划是根据海域区位、自然资源、环境条件和开发利用的要求，按照海洋基本功能区的标准，根据海洋特定区域的功能及其所能发挥的作用，将海域划分为不同类型的基本功能区，为海洋开发、保护与合理配置提供科学依据的基础性工作。

第一节　海洋区划与空间规划

一、海洋区划的概念与特征

海洋区划是对一国管辖的全部海域或其他特定海域，根据开发利用的目的，按照海域不同的自然资源条件和社会经济条件所形成的海域差异而划分的海洋区域。海洋区划是海洋区域经济发展的基础和客观反映。一定的海洋区域经济要用一定的区划来落实，不同类型的海洋经济在不同的海域空间上表现出来。

海洋区划的客观基础是在不同类型海域内的自然资源条件和社会经济条件存在明显的差异性，以及在同一类型的海域内又具有一定的相似性。差异性是进行海洋区划的前提。有了差异性，才有可能根据不同性质的自然资源条件和社会经济条件对海洋进行分区划片，划分成不同的海洋区域。我国的海域北起辽宁的鸭绿江口，南至广西壮族自治区的北仑河口，东部和南部大陆海岸线 18 000 多千米，南北跨度约 38 个纬度，兼有热带、亚热带和温带三个气候带，东西跨度约 24 个经度，还有大小不同的岛屿，具有独特的区域海洋特征。

海洋区划是实现海洋经济的区域合理布局、确定不同海洋区域经济发展目标的基础和依据，是发展海洋区域经济的一项基础性工作。我国海洋开发利用的种类日趋多样化，强度和深度也都在不断地增加，而海洋空间所提供的自然条件及其可供利用的自然资源却是有限的。这样势必引起越来越多的矛盾，阻碍海洋经济可持续发展。因此，对海洋按功能进行科学的分区，在空间上保持海洋利用与自然条件之间的平衡，为合理开发、可持续利用海洋资源提供了科学依据。海洋区划为指导、调整海洋产业结构和地区布局，解决不同海域内各种开发利用活动之间的矛盾和冲突提供了科学的方法。海洋区划为促进各个海洋区域之间的相互配合和协调发展，合理安排不同海域的开发利用活动创造了条件。海洋区划为适当调控海洋开发活动，加强海洋区域管理，提供了指导性方针和基本书件（如区划图等）等必要的手段。海洋区划为合理制定海洋社会、经济和技术发展的远景规划，制定海洋经济发展战略提供了科学依据。

二、海洋区划的类型

根据海域自然资源条件和社会经济条件，可以将海洋进行划分，从而把一国管辖的海域划分为不同类型的区域。

1. 海洋空间规划

海洋空间规划是解决实际的和潜在的多种海域利用的相互冲突，促进海洋资源可持续开发利用的规划和管理过程，其目标是创造和确立更合理的海洋空间使用结构和海洋空间使用之间的相互关系，平衡开发需求和环境保护，有计划地实现社会、经济和生态目标，为海洋资源合理配置提供科学依据。海域空间规划关注的是人类对海洋空间和位置的利用，通过分析和调整海域内人类活动时空位置的公共过程，从而实现一般要通过行政程序才能达到的生态、经济及社会目标。海洋空间规划是国土空间规划体系的重要组成部分，必须纳入国土空间规划体系统一的规划目标、总体框架、管制要求和技术标准体系，尊重生态系统整体性和系统性的客观规律，在坚持陆海统筹的基础上，探索构建能协调陆海发展定位、产业布局和资源环境等矛盾的海洋空间规划体。

2. 海洋功能区划

海洋功能区划是根据海域区位、自然资源、环境条件和开发利用的要求，按照海洋基本功能区的标准，将海域划分为不同类型的海洋基本功能区，为海洋开发、保护与管理提供科学依据的基础性工作。海域具有功能多宜性，海洋基本功能是在现有认识条件下确定的最佳功能，维护海洋基本功能是实施海洋功能区划的基本要求，即一切开发利用活动均不得对海洋的基本功能造成不可逆转的改变。海洋基本功能区分为海岸基本功能区和近海基本功能区。海岸基本功能区是指依托海岸线，向海有一定宽度的海洋基本功能区，其具体范围主要依据海岸区域的自然地理单元、自然形态和开发活动特征确定，向海宽度自海岸线起，至满足基本功能区需要的距离止；近海基本功能区是指海岸基本功能区向海一侧的外界与省（区、市）海域外部管理界线之间的海洋基本功能区。

3. 海洋经济区划

海洋经济区划是指根据一定的海洋区域经济发展的现状和发展前景需要，按照海洋经济固有的特性和发展规律，划分的不同类型的海洋区域。我国重要的海洋经济区划有海区经济区、海岸带经济区、海洋重点开发经济区、沿海开放经济区、海洋法定（法律地位）经济区和海洋行政经济区。在一定的海洋经济区域内的经济活动具有共同的特点和发展规律，因而形成不同类型的海洋区域经济。

4. 海洋行政区划

海洋行政区划，是指根据海洋行政管理的需要，按照行政层次划分的海洋区域。我国海域属国家所有，国家集中统一管理。但事实上各级地方政府也管理相邻的海域，从而形成了管理意义上的海洋行政区划。按照行政区划可以把海域划分为省、市、县管辖的海域。

5. 近岸海域环境功能区划

近岸海域环境功能区划是指对近岸海域的环境功能按水质类别划定分界线，确定水质保护目标，并制定出有效的管理规章。近岸海域环境功能区划是近岸海域海洋环境质量评价和管理的法律依据。近岸海域环境功能区环境质量保护目标是指为了保护海洋生态系统健康和人体健康，根据海洋生态系统特征和海水使用功能所确定的环境质量目标。

不同的海洋区划的内容各有区别，但又相互联系。海洋功能区划和近岸海域环境功能区划是整体与局部、综合与个别的关系。近岸海域环境功能区划作为海洋功能区划内容的一个组成部分，不仅要和海洋功能区划保持衔接和协调，而且要以海洋功能区划为基础和前提条件，并在区划的目的、原则、方法和分类分级与指标体系等方面尽可能保持一致。

三、海域环境功能区划的中心任务

海域环境功能区划的根本目标是实现海域资源生态经济利用的良性循环，实现人与自然物质交换的协调运转。表现在物能方向必须是多运转途径、多样性产出、多量性流转；表现在总体运转方面必须具有较高的同化力（对外界输入的吸收力）、抗逆力（对不良影响的抵抗力）、回归力（自我恢复力）、反馈力（自我更新力）、冲击力（对相邻系统的促进力）、协同力（内外一致的调节作用力）、运转力（系统流转力，包括物能的实体转化、价值的形态转化、信息的增量变化等的转化效率）、产出力（系统输出能力）。海域环境功能区划的直接目的是合理利用资源，但最终目的是要实现海域资源利用的良性循环。

为了实现上述目标，海域环境功能区划的基本任务可概括为下列几方面。

1）根据海域空间分异规律，科学地揭示客观存在的区划界线。

2）根据国民经济发展的客观要求，分析海域发展的生态可行性、技术适宜性、经济合理性，提出海域的发展方向。

3）根据专业化与综合化发展相结合的要求，提出海域内合理的部门结构、发展规模及其布局设想。

4）分析已经形成或将要形成的各海域对整体的地位与作用，阐明各区间的生态经济联系。

5）揭示区域发展中的薄弱环节，并提出相应对策。

四、近岸海域环境功能区划分的方法

根据《近岸海域环境功能区划分技术规范》，近岸海域环境功能区划分的步骤如下。

1. 分析近岸海域调查材料

近岸海域的环境、经济、社会调查材料是划分环境功能区的基本依据，在环境功能区划的开始阶段，应在调查材料的基础上对近岸海域自然地理特征、近岸海域水文特征、沿海地区社会经济特征、污染源特征、近岸海域环境质量特征及近岸海域现状使用功能等进行分析。

2. 近岸海域环境质量预测

区划时需进行污染源预测和水质预测。以污染物的产生、输运和归宿为主线，分析经济发展目标、技术进步水平、民众环境意识、环保工作水平等因素，按不同层次建立适宜的预测模型，对污染源排放量、污染物入海量及近岸海域环境质量的变化趋势做出预测，供区划时参考。

3. 制定区划方案

（1）确定区划主导因素

在近岸海域的自然特征、环境特征、经济特征和社会特征等诸多区划因素中，一般把近岸海域的环境特征作为环境功能区划的主导因素，确定环境功能类别。

（2）分析近岸海域现状使用功能

综合分析近岸海域的自然属性和社会属性，结合历史沿用状况，确定近岸海域目前的使用功能。

（3）初步确定环境功能范围

按照主导因素把目标海域划分出若干个自然综合体，如水交换活跃区、水交换滞缓区、涡流区、重要河口区、封闭海湾区、海底断裂构造带等，进一步确定其次一级使用功能。

（4）确定环境功能区边界

按照各自然综合体的相似性和差异性确定若干种使用功能，再根据其等级系统适当归类合并，采取自下而上的方式划分其环境功能，最后合并为高级区划单位，确定环境功能区的范围。

（5）确定环境功能区的保护目标

根据功能区类别、水质现状和环境质量预测结果，可进一步协商确定出环境功能区的保护目标。

（6）区划方案的协调

1）汇总修改意见。近岸海域与滨海陆地是一个有机的整体，划分近岸海域环境功能区，涉及各个方面的利益和要求，涉及多个管理部门和使用部门，应对各部门、各单位、各位专家从不同角度和思路对环境功能区划方案提出的调整意见进行认真归纳分析，汇总出环境功能区划的最佳方案。

2）不同方案的经济分析。先确定经济发展和环境保护这两个基本目标，在分析计算时使这两个基本目标的综合效益达到最大。对每一种方案的经济投入和产出，对环境的直接和间接影响及损害估算等应进行充分的研究论证。在分析中，能够定量的，尽可能将其量化；不能够定量的，加以定性描述。然后对各方案的全部费用和收益加以比较，选择出最佳方案，确定科学、客观的近岸海域环境功能区划方案。

第二节　区域发展目标

一、区域发展目标选择

一个区域的经济和生态等都是在动态变化中发展的。同样，海域的种种资源也有一个演变过程。由于人类经济活动领域的扩展、手段的强化，海域自然资本也会发生变化。海域利用也因此在时序上呈现出不同的面貌，并且在发展演化的历史进程中呈现出若干阶段：一是海域利用的内在动态性，当生态经济系统处于某一发展阶段时，系统内的物质循环、能量转化、信息传送等运动并没有停止，并随海域利用方式的变化而变化；二是海域利用的外在动态性，这主要指海洋生态经济系统的进化过程，任何生态经济系统都是人与自然物质交换的产物，是历史发展的结果。随着生态经济系统的进化，海域自然资本也随之呈现相应的进化态势。

1. 宏观准则

宏观准则为立足现有的生态条件与经济条件，改善生态环境，调整海域利用结构，强化系统运转，通过海域的层次开发、海洋资源的多次利用与增值、生态经济系统的良性循环，从而发展系统的整体效益。对总体而言，所选择的区域发展目标必须使海洋资源开发利用的全过程具有良好的环境、有序的结构、强大的功能和持续的效益。

2. 一般准则

1）把经济、社会、科技与生态协调发展的海洋资源利用目标扩展到以生态发展为基础，以经济发展为主导，构成生态与经济统一的发展体系。

2）把以 GDP 为中心的区域发展目标转变为包括自然条件、环境质量、居民生活福利和人体健康等在内的综合性、多元化的发展目标，把人类对物质、文化的需求，扩大到对物质、文化和生态的需求。

3）把海洋资源利用的步骤、措施与环境保护和治理的步骤、措施结合起来，使之同步配套进行，而不是以破坏环境、滥耗资源、损害生态系统为代价取得经济增长。

二、区域发展决策的数学方法及应用

当海洋资源利用的分区划片工作完成后，选择区域的发展目标十分重要。为了有效决策各个区域的发展方向和发展重点，根据海域特征，运用灰色多目标理论和方法，对海域中的多目标进行决策分析。

1. 多目标灰色局势决策

决策是为了实现一个或几个特定目标，在占有一定信息和经验的基础上，根据客观条件与环境的可能，借助于一定的方法，从各种可供选择的方案中，选出作为人们行动纲领的最佳方案的活动。

决策包括事件、对策、效果。

记事件为 a_i，对策为 b_j，其二元组合 $S_{ij}=(a_i,b_j)$称为局势，即用第 j 个对策去应对第 i 个事件的局势。

记 v_{ij} 局势 S_{ij} 的效果测度，则定义局势与效果测度的全体 $\frac{v_{ij}}{S_{ij}}=\frac{v_{ij}}{a_i,b_j}$ 为决策元。

若有事件 $a_1,a_2,\cdots,a_n$，有对策 $b_1,b_2,\cdots,b_m$，则对于同一事件 a_i 可以用 $b_1,b_2,\cdots,b_m$ 等 m 个对策去选择，于是构成 $(a_i,b_1),(a_i,b_2),\cdots,(a_i,b_m)$ 等 m 个局势。这些局势相应的决策元可排成一行，便构成如下决策行。

$$\delta_i=\left(\frac{v_{i1}}{S_{i1}},\frac{v_{i2}}{S_{i2}},\cdots,\frac{v_{im}}{S_{im}}\right) \tag{3-1}$$

式中，v_{ij} ——局势 S_{ij} 的效果测度。

同样，对于同一对策 b_j，亦可用 $a_1,a_2,\cdots,a_n$ 等几个事件去匹配，于是构成 (a_1,b_j)，$(a_2,b_j),\cdots,(a_n,b_j)$ 等几个局势。这些局势相应的决策元可排成一列，便构成如下决策列。

$$\eta_j=\left(\frac{v_{1j}}{S_{1j}},\frac{v_{2j}}{S_{2j}},\cdots,\frac{v_{nj}}{S_{nj}}\right) \tag{3-2}$$

将决策行 $\delta_i(i=1,2,\cdots,n)$ 与决策列 $\eta_j(j=1,2,\cdots,m)$ 排列起来，便构成决策矩阵，记为 $\boldsymbol{M}(\delta_i,\eta_j)$。

$$\boldsymbol{M}=\begin{bmatrix} \frac{v_{11}}{S_{11}} & \frac{v_{12}}{S_{12}} & \cdots & \frac{v_{1m}}{S_{1m}} \\ \frac{v_{21}}{S_{21}} & \frac{v_{22}}{S_{22}} & \cdots & \frac{v_{2m}}{S_{2m}} \\ \vdots & \vdots & & \vdots \\ \frac{v_{n1}}{S_{n1}} & \frac{v_{n2}}{S_{n2}} & \cdots & \frac{v_{nm}}{S_{nm}} \end{bmatrix} \tag{3-3}$$

2. 效果测度

效果测度就是将各个局势所产生的实际效果进行比较的量度，由于对目标的要求不同，因而对不同目标的效果测度便不同。目标效果测度可视具体情况而定，通常包括上限效果测度、下限效果测度和中心效果测度，如经济产值、净收益等越多越好者可采用上限效果测度，如投资、成本等越少越好者可采用下限效果测度，而如开发强度、岸线利用率等以适量为宜者则常采用中心效果测度。

1）上限效果测度的计算公式为

$$v_{ij}=\frac{\mu_{ij}}{\mu_{\max}},\ \mu_{ij}\leqslant\mu_{\max} \tag{3-4}$$

式中，μ_{ij} ——局势 S_{ij} 的实测效果；

$\mu_{\max}$ ——局势 S_{ij} 的所有实测效果的最大值。

可见 $v_{ij}\leqslant 1$。

上限效果测度适用于“越大越好”这类目标。

2）下限效果测度

$$v_{ij}=\frac{\mu_{\min}}{\mu_{ij}},\ \mu_{ij}\geqslant\mu_{\min} \tag{3-5}$$

式中，$\mu_{\min}$——局势S_{ij}的所有实测效果的最小值。

下限效果测度适用于“越小越好”这类目标。

3）中心效果测度

$$v_{ij}=\frac{\min\left(\mu_{ij},\mu_0\right)}{\max\left(\mu_{ij},\mu_0\right)},\ \mu_{\max}\geqslant\mu_{\min} \tag{3-6}$$

式中，μ_0——样本u_{ij}中指定的中心值。

中心效果测度适用于“不能太大也不能太小”这类目标。

3. 多目标决策

当局势有几个目标时，对各种目标综合考虑的决策称为多目标决策。

对于第K个目标的效果测度记为$v_{ij}^{(K)}$，其相应的决策元为

$$v_{ij}^{(K)}/S_{ij}^{(K)}=v_{ij}^{(K)}\Big/(a_i,b_j) \tag{3-7}$$

为此，有相应的决策向量$(\delta_i^{(K)},\eta_j^{(K)})$及第$K$个目标下决策矩阵$\boldsymbol{M}^{(K)}$为

$$\boldsymbol{M}^{(K)}=\begin{bmatrix}\dfrac{v_{11}^{(K)}}{S_{11}} & \dfrac{v_{12}^{(K)}}{S_{12}} & \cdots & \dfrac{v_{1m}^{(K)}}{S_{1m}}\\ \dfrac{v_{21}^{(K)}}{S_{21}} & \dfrac{v_{22}^{(K)}}{S_{22}} & \cdots & \dfrac{v_{2m}^{(K)}}{S_{2m}}\\ \vdots & \vdots & & \vdots\\ \dfrac{v_{n1}^{(K)}}{S_{n1}} & \dfrac{v_{n2}^{(K)}}{S_{n2}} & \cdots & \dfrac{v_{nm}^{(K)}}{S_{nm}}\end{bmatrix} \tag{3-8}$$

那么，综合K个目标的局势决策综合矩阵$\boldsymbol{M}^{(\Sigma)}$为

$$\boldsymbol{M}^{(\Sigma)}=\begin{bmatrix}\dfrac{v_{11}^{(\Sigma)}}{S_{11}} & \dfrac{v_{12}^{(\Sigma)}}{S_{12}} & \cdots & \dfrac{v_{1m}^{(\Sigma)}}{S_{1m}}\\ \dfrac{v_{21}^{(\Sigma)}}{S_{21}} & \dfrac{v_{22}^{(\Sigma)}}{S_{22}} & \cdots & \dfrac{v_{2m}^{(\Sigma)}}{S_{2m}}\\ \vdots & \vdots & & \vdots\\ \dfrac{v_{n1}^{(\Sigma)}}{S_{n1}} & \dfrac{v_{n2}^{(\Sigma)}}{S_{n2}} & \cdots & \dfrac{v_{nm}^{(\Sigma)}}{S_{nm}}\end{bmatrix} \tag{3-9}$$

矩阵中的元素$v_{ij}^{(\Sigma)}$称为综合效果测度，按下式计算。

$$v_{ij}^{(\Sigma)}=\sum_{K=1}^{N}v_{ij}^{(K)}\Big/N \tag{3-10}$$

式中，N=1,2…为目标数。

根据决策的目的，若对各个目标要求有所不同时，可分别给予不同的权重W_k，且>0，

$\sum_{k=1}^{n} W_k = 1$这时矩阵中的元素可按下式计算。

$$v_{ij}^{(\Sigma)} = \sum_{k=1}^{n} W_k v_{ij}^{(K)} \tag{3-11}$$

4. 决策准则

决策就是挑选效果最好的局势。由事件选择最好的对策称为行决策；由对策匹配最适宜的事件，称为列决策，其方法如下。

（1）行决策

对于决策矩阵$\boldsymbol{M}^{(\Sigma)}$在决策行$\delta_i$中选效果测度最大的决策元，即

$$v_{ij\cdot}^{(\Sigma)} = \max_j v_{ij}^{(\Sigma)} = \max\left\{v_{i1}^{(\Sigma)}, v_{i2}^{(\Sigma)}, \cdots, v_{im}^{(\Sigma)}\right\} \tag{3-12}$$

则最优行决策为

$$\delta_{ij\cdot}^{(\Sigma)} = \frac{v_{ij\cdot}^{(\Sigma)}}{S_{ij\cdot}} \tag{3-13}$$

式中，$v_{ij\cdot}^{(\Sigma)} / S_{ij\cdot}$——行决策元；

$S_{ij\cdot}$——最优决策局势，即$b_{j\cdot}$是对于事件a_i的最优对策。

（2）列决策

同样在决策列η_j中选效果测度最大的决策元，即

$$v_{i\cdot j}^{(\Sigma)} = \max_i v_{ij}^{(\Sigma)} = \max\left\{v_{1j}^{(\Sigma)}, v_{2j}^{(\Sigma)}, \cdots, v_{nj}^{(\Sigma)}\right\} \tag{3-14}$$

则最优列决策为

$$\delta_{i\cdot j}^{(\Sigma)} = \frac{v_{i\cdot j}^{(\Sigma)}}{S_{i\cdot j}} \tag{3-15}$$

式中，$\dfrac{v_{i\cdot j}^{(\Sigma)}}{S_{i\cdot j}}$——列决策元；

$S_{i\cdot j}$——最优决策局势，即$a_{i\cdot}$是对于对策b_j最适宜的事件。

根据行决策与列决策的结果，若在全局上难以协调，达不到整体效果最优的目的，这时需要将矩阵中的决策元自左至右，自上而下按大小降幂排序，再进行综合评判，进行最优决策，或者进行归一化处理，即对决策行和决策列进行归一化后，再选择行和列同时最优的局势。

三、海域利用的空间特征与规律

海域各资源要素利用的有机组合构成了海洋生态经济系统，海洋生态单元的形成过程，就是人类对该海域开发利用的过程。海域环境功能区划，实质上就是生态经济区划。

地域差异的成因表现在如下两方面。

1. 自然地带性

地带性规律是自然地理的首要规律，它揭示在不同的纬度、高度和具有不同自然地

理特征的地区而呈现的温度、湿度、降水等自然环境的差异。海洋自然地带性具有纬度地带性、经度地带性及垂直地带性三位一体的相互交融形成的自然环境格局共同决定的自然地带性，决定了不同海域的地质地貌、气候、水文、生物条件、海水质量、自然灾害等方面的特质和差异。

2. 非自然地带性

自然地带性只是海域资源地域性形成的基础和前提，而人的作用则直接、主动地导致资源空间分异。自然条件只提供了可能性，这个可能性若要变成现实性，还得通过人类社会实践，特别是长期的生态经济活动的历史积累。前者形成的地域性可称为“被动地域性”，后者形成的地域性可称为“主动地域性”。海域资源的地域性也与人们的资源利用方式密切相关，我们将其称为非自然地带性，可从如下两个层次来看。

1）自然转化为“人化自然”的趋势。地球的自然环境已经深深地打上了人类活动的痕迹。随着生产力的发展，人类对自然施加越来越多的影响，没有人类印记的纯粹的海域环境已经几乎不存在了。海域的形成、分布及构成与人类活动有一定的关联性。

2）人们对海域利用方式的差异，在一定程度上决定了海域空间差异。由于历史和现实情况，不同地区的经济、社会发展水平不同，资本、技术和管理水平等要素在生态经济系统中的输入量、输入方式、作用和后果不同，产出种类、流通渠道及速率等方面也存在差异。这些差异必然构成各地区生态发展与经济发展的基本特征，从而表现出地域差异性。

第三节 海域资源利用的合理配置

为促进区域功能最优和各区域的协调发展，需进行海域环境功能区划，确立区域发展的方向与重点，并对海域资源进行合理配置。因此，海域资源利用的合理配置问题已成为人与自然物质交换的重要环节。生产要素的合理组合、资源的最佳配置是海域资源利用系统结构优化的基础。生态经济系统的基本矛盾表现为经济系统增长的无限性与生态系统供给的有限性之间的矛盾。海域资源利用合理配置的目的就是在缓解这一矛盾的前提下，达成经济的持续发展和资源的永续利用。所谓海域资源的合理配置，就是人们为了达到一定的生态经济目标，根据生态经济系统结构、要素作用，利用科学技术和管理手段，对海域资源利用系统进行改造、重新安排、设计、组合、布局的活动。

一、资源配置的理论基础

系统是若干事物按一定的关系组合而成的统一整体或总体。要素是构成整体的必要因素。系统的基本特征就在于各要素相互联系和相互作用而形成了整体，具有各要素所没有的整体特征。如果各要素之间没有内在地联系成整体，只是杂乱地堆积而成为机械集合体，就不能称之为系统，只能称为堆积物。堆积物的特征就表现在总体性质上等于要素各自性质的总和。若要合理配置海域资源，首先要获取整体功能与性质。

1. 市场对资源的分配作用

海域资源配置与海域空间发生的经济活动密切相关，并直接影响着海洋生态经济系统。从其内涵来说，海洋生态经济系统是时间、空间、经济、人与社会问题的复合体，其配置难度不同于一般的空间问题和要素问题。

对于不同时期的资源分配，由于其目的在于使开采和利用资源所获利润的纯现值为最大，因而这一条件可列方程为

$$V_{\max}=\int_0^T\left(P_t-C_t\right)\mathrm{e}^{-rt} \tag{3-16}$$

式中，P——资源价格；

C——资源开采成本；

r——贴现率；

t——一个有限的时间序列范围；

V——利润的纯现值。

若使 V 为最大，则必须

$$(P_{t_j}-C_{t_j})\mathrm{e}^{-rt_j}=(P_{t_i}-C_{t_i})\mathrm{e}^{-rt_i} \tag{3-17}$$

从式（3-17）可得出直观结果，即任何不同时期（$t=i$ 和 $t=j$）利润的纯现值必须相等。很明显，如果这一等式不成立，则只需改变两个时期的利用量即能获利。例如，如果 j 时期的边际利润的纯现值小于 i 时期的相应值，则对资源的利用从 j 时期转换到 i 时期，即能获利。如果其他条件相同，资源的稀缺性导致未来具有较高的效益，而现在进行资源利用具有明显的机会成本，这说明在将来利用这项资源更为有利。

2. 非再生资源的最优利用策略

这里所说的最优利用策略是指某项策略在不同时期的最优分配问题，而不是指这项资源在不同部门的最优分配问题。

现设定最基本的两个时期，第一个时期称为“现在”，第二个时期称为“未来”，建立以下生产函数。

$$\phi=B_1(y_1)-C_1(y_1)+W_2[B_2(y_2)-C_2(y_2)] \tag{3-18}$$

式中，ϕ——两个时期净收益现值之和；

$B_i(y_i)$——在第 i 个时期使用 y_i 量的资源所获得的总收益；

$C_i(y_i)$——在第 i 个时期使用 y_i 量的资源所支付的成本；

W_2——社会所选择的权数，它代表在未来使用这项资源所获得的一个货币单位的净收益相当于今天多少货币单位的净收益。

这样，我们所谓最优利用策略问题，可以用如下数学模型来表示。

$$\phi_{\max}=B_1(y_1)-C_1(y_1)+W_2[B_2(y_2)-C_2(y_2)] \tag{3-19}$$

约束条件为

$$y_0-y_1\geqslant y_2,\quad y_1,y_2\geqslant 0 \tag{3-20}$$

式中，y_0——资源总量。

一般来说，我们应该尽可能地利用每一项资源。因此，我们假定 $y_0 = y_1 + y_2$，这样数学问题中的变量就只有 $y_1(y_2 = y_0 - y_1)$，于是有

$$\phi_{\max} = B_1(y_1) - C_1(y_1) + W_2[B_2(y_0 - y_1) - C_2(y_0 - y_1)] \tag{3-21}$$

根据最优化原理，通过一阶求导可得

$$\frac{dB_1}{dy_1} - \frac{dC_1}{dy_1} = W_2\left(\frac{dB_2}{dy_2} - \frac{dC_2}{dy_2}\right) \tag{3-22}$$

式（3-22）的经济意义可用供需函数做出解释。我们知道，如果 y_0 足够大，那么，y_1 就会确定在 $\widehat{y_1}$，y_2 就会确定在 $\widehat{y_2}$；如果 $\widehat{y_1}+\widehat{y_2} > y_0$，而 $y_1^* + y_2^*$ 要等于 y_0，那么，上面等式的经济意义就是 $a_1b_1 = a_2b_2$，即在 y_1^* 处的边际净收益要等于 y_2^* 处的边际净损失，或者 y_1^* 处的边际净损失等于 y_2^* 处的边际净收益。

根据两个时期资源最优利用的策略，我们很容易得出 T 个时期资源最优利用的策略，即

$$\frac{dB_1}{dy_1} - \frac{dC_1}{dy_1} = W_i\left(\frac{dB_i}{dy_i} - \frac{dC_i}{dy_i}\right) \tag{3-23}$$

W_i 是 i 时期使用这项资源所获得的一个货币单位的净收益相当于今天多少货币单位的净收益。因此，W_i 的值可以由决策者确定，而且从理论上讲，W_i 的值可以是任意的。如果从经济效率作为目标的最大化来说，W_i 的值可以这样确定。

$$W_i = \left(\frac{1}{1+r}\right)^{i-1} \quad (i = 2,3,\cdots,T) \tag{3-24}$$

式中，r——贴现率（假定各年均为 r）。

这样，如果了解了各年的边际收益和贴现率，就可以比较各年边际净收益贴现值，若相等，则符合以经济效率为目标的利润最大化的优化标准，反之则必然是经济上的低效率。

3. 再生资源的最优利用策略

再生资源和非再生资源的区别并不在于资源利用量是否可以增加，非再生资源利用量也可因新探明储量和重复利用等途径而增加。它们的区别在于新增利用量和现存储量的关系。非再生资源的新增储量和现存储量没有关系，而再生资源的新增储量则是由现存储量和生长速度决定的。

按照上述标准，像潮汐、渔业、动物种群等都属于再生资源。对于这类资源，破坏或捕捞会减少现存储量，但自然增长会弥补这种减少。尽管再生资源的再生会弥补对这项资源的利用，但是这并不是说再生资源是不会耗尽的。如果我们利用不当，破坏了这项资源的再生能力，那么这项资源也和非再生资源一样会被消耗殆尽。

在讨论再生资源利用的最优策略之前，我们先作出如下三点假设。

1）目标函数是获得最大净收益的现值。

2）市场结构为非垄断型。

3）资源所有权为共享。

第 2）、3）点说明资源为许多人所有，而许多人各自占有这类资源的一部分。现建立数学模型如下。

令：S_0为这项资源的原始储量，S_1为这项资源在第一个时期末的储量，y_1为第一个时期资源的消耗量，$G=g(S_1)$为第一个时期生长的可供第二个时期使用的资源量。

于是，问题如下。

$$\phi_{\max}=B_1(y_1)-C_1(y_1)+W_2[B_2(y_2)-C_2(y_2)] \tag{3-25}$$

约束条件为

$$\left.\begin{aligned} &y_2=S_0+g(S_1)-y_1 \\ &y_2=S_0+g(S_0-y_1)-y_1 \\ &y_1<S_0 \end{aligned}\right\} \tag{3-26}$$

在上述条件下，对其进行一阶求导，得到净收益现值ϕ取得极大值的必要条件为

$$\frac{\mathrm{d}\phi}{\mathrm{d}y_1}=\left(\frac{\mathrm{d}B_1}{\mathrm{d}y_1}-\frac{\mathrm{d}C_1}{\mathrm{d}y_1}\right)-W_2\left[\left(\frac{\mathrm{d}B_2}{\mathrm{d}y_2}-\frac{\mathrm{d}C_2}{\mathrm{d}y_2}\right)\left(1+\frac{\mathrm{d}g}{\mathrm{d}S_1}\right)\right]=0$$

即

$$\frac{\mathrm{d}B_1}{\mathrm{d}y_1}-\frac{\mathrm{d}C_1}{\mathrm{d}y_1}=W_2\left[\left(\frac{\mathrm{d}B_2}{\mathrm{d}y_2}-\frac{\mathrm{d}C_2}{\mathrm{d}y_2}\right)\left(1+\frac{\mathrm{d}g}{\mathrm{d}S_1}\right)\right]$$

当$\mathrm{d}s/\mathrm{d}S_1>0$时，人们将减少这项资源在第一个时期的消耗，即减少$y_1$。

当$\mathrm{d}s/\mathrm{d}S_1<0$时，人们将增加这项资源在第一个时期的消耗，即增加$y_1$。

当$\mathrm{d}s/\mathrm{d}S_1=0$时，则和非再生资源利用的情形完全相同。

当贴现率很高时，也就是说W_2很小时，能使人们认为在第一个时期多消耗这种资源是有利的，而这种认识有可能导致资源储量减少到最小临界阈值，以致再生能力丧失，资源趋于耗尽。

我们对海域自然资本利用的合理配置得出下列认识。

1）海域资源利用的生态经济系统是一个相互作用的有机整体。任何子系统和要素的发展都必须建立在增加整体功能的基础上，对破坏整体功能的局部和要素的发展必须予以限制。任何要素的发展都应该是适度的，要素的合理配置可以通过要素间的相互作用而达到整体最优。

2）系统内的所有要素并非都是同等重要的。有些要素可能是无效的甚至反效的。因此，除掉或削弱某些非重要或非必要要素不仅不影响系统功能，反而有利于系统功能的提高。

3）系统要素间的比例关系越合理，越利于系统的稳定。生态经济系统要素配置应尽可能保持系统的兼容性，以优化系统的运转网络和转化路径，创造系统发展的多向选择性。

4）抓住关键要素，将起到事半功倍的作用。随着系统的阶段性发展，关键要素也是替代变化的，必须进行跟踪配置。

二、资源配置的基本任务与目标

1. 合理配置的基本任务

人们对海域资源利用过程的干预，可产生两种完全相反的结局：一种是有利于保持生态经济系统的稳定，并且取得较好的经济效益；另一种是导致环境恶化，生态经济系

统退化，经济上得不偿失。因此，合理配置的基本任务是：在保持生态经济平衡的前提下，努力提高生态经济系统功能，以获取最佳生态经济效益。具体分述如下。

1）对再生资源的利用要有一定限度，以保持自然生态系统的更新能力，达到永续利用。

2）对非再生资源，应在节约的前提下实行综合利用，或用较丰富的资源替代短缺资源。

3）将废弃物降到最低限度，以消除环境污染。

4）提高一切资源的利用率、生产率及其综合效益。

2. 合理配置的目标

海域资源利用的合理配置目标如下。

1）系统产出最大。应保持海域资源利用系统具有最大的物质产出、能量产出和价值产出（包括使用价值和价值）。主要表现如下。

① 劳动生产率高，即单位劳动消耗所产出的物质产品多，或产出一定量的产品所消耗的劳动量少。

② 物能转化率高，即以较少的物能投入可产生较多的物能输出，不仅输出量大，而且种类多。

③ 价值输出率高。其一，使用价值输出率高，即潜在使用价值最大限度地转化为实在的使用价值，以满足物质生活的需求；其二，价值输出率高，即系统对人类福利的贡献大，表现出较大的社会经济生命力。

④ 时间效率高，即在较短的时间内输出较多的产品，转化较多的物能和价值。

2）系统结构最优。不仅海域资源利用的生态环境保持正向演替，而且利用结构也不断地进行调节，与环境保持协调。表现为：一是资源优化度高，即资源各要素相互联系、相互促进、相互补充、相互替代、降低资源消耗；二是能量自调度大，即系统能量内耗少，参加系统运转的能量多；三是结构自调度大，即系统结构具有较大的自我反馈力，能避免系统结构退化，而保持结构进化；四是功能稳定度大，即在海域资源利用过程中，系统具有适应环境、改变环境、疏通环境的功能并保持相对稳定。

3）抗逆调节力最大。主要表现为：一是功能替代力强，即系统具有多功能，当系统的某种功能退化或原有功能难以适应和难以有效改变环境时，总会产生新的更有效的功能去取代；二是要素转化力强，即系统自我约束始终保持着系统结构的弹性，以适应或促进系统功能的发挥；三是系统适应性强，当外界冲击造成系统涨落时，系统能迅速表现出新的性状，呈现出较强的应变能力；四是系统感染力强，当系统产生更有效的新性质时，更能促进其他系统，包括相对宏观的系统，产生更有效的更新；五是系统同化力强，一方面表现为对外界冲击的同化，使外界干扰成为系统正向演替的有效冲击，另一方面是吸收外源性的扰动并且强化系统惯性。

三、海域资源合理配置的一般形式

在海域资源利用过程中，生态经济要素所配置组合而成的生态经济系统，具备如下基本形式。

1. 质态组合形式

质态组合也叫属性组合，是指生态经济诸要素与海域资源利用过程中在属性上相互关联的状态。海域资源利用配置的质态组合本质上是一种生态经济联系，可分解为生态联系、技术联系及经济联系。

1）生态联系是最基本的，它是指组成生态经济系统的环境、生物、人之间的物质交换关系，是三者之间的物质和能量的相互补偿。在海域资源利用中表现为能量流与物质流。

2）技术联系是一种中介联系，是人与自然进行物质、能量和信息交换的手段和媒介，它是指劳动者的各种功能通过技术和装备传导给自然，而使自然物发生变化的联系。在海域资源利用中表现为物资流与劳动流。

3）经济联系是最高形态的联系，它是指生态经济系统中各配置要素由生产到消费所经过的若干中转环节的劳动补偿与价值增值，在海域资源利用中表现为商品流和价值流。

2. 量态组合形式

量态组合形式是指海域生态经济系统各要素之间的数量配比。任何生态经济系统的产出物，都是生态经济系统在特定的质态组合方式下共同作用的结果，要充分发挥这种共同作用系统诸要素的功能就必须有一定的数量规定或比例关系，这是量态组合的第一层含义。量态组合的第二层含义是人们对生态经济系统的干预、对海域资源的利用必须有一个数量界限，即适合度的问题。任何经济生产活动都必须依赖于一定的生态经济系统。由于各种生态经济系统在数量上具有有限性，因此人们对各种海域资源的开发利用都应有一个阈值。若达不到这个阈值，对资源的利用就不充分；正好达到这个阈值，资源的利用效率最高；超过这个阈值，就超过了生态经济系统的承载能力，严重的还会引起生态经济系统崩溃。例如，在渔业上捕捞量超过了鱼类的再生量，就会导致鱼类资源的破坏等。

3. 空间组合形式

空间组合形式是指生态经济诸要素在海域空间上的分布和联系状态。空间组合形式又可分解为平面组合、垂直组合和立体组合三种形式。平面组合是指生态经济诸要素在水平方向上所占据的格局；垂直组合是指生态经济诸要素在垂直方向上所占据的格局；立体组合是指生态经济诸要素在三维空间中所占据的格局，表现出要素之间共生互利、彼此依存的制约关系。海域生态经济系统的边缘效应、集聚效应及乘数效应都可以通过空间组合的形式交换来获取，并且这三种效应的大小也反映其组合的优劣态势。

4. 时间组合形式

时间组合形式是指生态经济诸要素在时序变化上的相互依存、相互制约关系。在海域资源的利用上表现为经济利用的超前性和资源更新的滞后性。时间组合存在于诸要素在其结合过程的先后顺序和持续时间长短的调节上。

任何一种生态经济系统的组合配置，都是这四种形式的统一，任何海域资源的利用方式都具有相应的构成、规模、时序和布局。这四种组合形式也反映了生态经济系统的四个基本范畴，即生态经济型、生态经济阈、生态经济位与生态经济序。

第四章

海域分等定级

海域分等定级是海域管理的重要组成部分，依据海域自然和经济属性及其在社会经济活动中的地位、作用，通过构建海域分等定级指标体系，评定海域的各种要素对社会经济活动需求的满足程度，进而综合评定和划分海域等级，为海域科学管理提供支撑。

第一节　海域分等定级概述

一、海域分等定级的含义与对象

海域分等定级是在特定的目的下，对海域的自然属性、经济属性和社会属性进行综合评价，并将评价结果等级化的过程。海域分等定级是海域质量评价的方法之一，以其对海域的自然、经济和社会属性进行全面、综合的评定。海域分等定级是海域自然资本管理和核算的基础，是海域使用管理的重要组成部分，其结果可为全面、科学地管理海域和合理利用海域资源提供依据。

农业用地及城市土地的分等定级已经非常成熟，经过几十年的研究和改进，我国已经分别颁布了《城镇土地分等定级规程》《农用地分等规程》《农用地定级规程》等一系列技术规程。虽然海域和土地一样，从广义上说都属于国土资源，但海域同土地还存在很大差异，对海域进行分等定级需要结合海域的自然特点进行。

二、海域质量评价

海域质量是指海域的状态或条件及其满足人类需求的程度。海域质量与海域自然条件、海域类型、海洋生态环境保护及海域管理功能等密切相关，海域质量的评价可以从两个方面来进行：其一，针对海域使用的具体类型进行评价；其二，抛开海域使用的具体类型对海域进行综合评价。

实现海域质量的定量化表达和评价的定量化，是海域质量评价工作走向科学化的重要标志。海域分等定级是海域质量评价的一种类型，是目前海域质量评价的工作方式之一，也是海域自然资本价值核算和管理的重要依据和手段。

三、海域分等定级的任务和目的

海域分等定级的任务是通过对海域的区位、经济、海洋产业的发展水平、自然环境及资源状况等各项因素的综合分析，揭示各类型用海的海域利用效益的地域差异，运用定量和定性相结合的方法对评价单元内各类型用海的使用效益进行排队，评定该单元的海域等级。

海域分等定级的目的是为了统筹海洋经济与海洋环境的和谐发展，科学管理和合理利用海域资源，提高海洋使用效率，为海域自然资本核算、征收海域使用金和制定海域利用规划提供科学依据，为通过经济杠杆调整海洋产业及产业结构提供手段。

为了科学地确定海域使用金和使用权转让价，必须开展海域等级划分，以海域等级反映水平相近的海域使用金或海域转让价所对应使用的海域范围。因而，海域等级划分正确地反映了海域质量和收益的区位差异及对海域所作的评估。海域等级以无量纲的排序，揭示了海域质量和收益的区位差异趋势。

四、海域分等定级的体系与方法

1. 海域分等定级的体系

海域是海洋经济活动的重要载体，由于社会经济活动的复杂性和多样性，海域的利用方式和对人类需要的满足程度也有很大差异，表现出不同的海域质量。

海域分等定级采用“等”和“级”两个层次的划分体系。海域等是反映不同行政单位管辖海域，由于受所属行政单位的经济发展状况和海域自然条件的影响，而形成的地域上的差异，海域等是在全国范围内进行排序；海域级是反映行政单位内部海域的区位条件和利用效益的差异，海域级是在各行政单位内部统一排序。

从“等”和“级”的关系来看，“等”起着宏观控制的作用，“级”是“等”的细划。“等”的划分主要依据海域资源丰度、开发利用效益、区域内城市化程度和社会经济发展水平，而“级”是“等”内的不同海域由于自然条件和区位条件不同而导致的海域资源价值上的不同。

2. 海域分等定级的方法

海域分等定级采用的是多因素综合评定法，对海域质量和资源价值进行等别划分可采用综合定级和分类定级两种方法。

第二节 分等定级指标体系

海域分等定级指标体系作为分等定级的基础性工作，其设计应当遵循统计指标和指标体系设计的基本内容和原则，结合海域的自然属性和经济属性，对分等指标、定级指标影响因素综合考量，进而运用相关统计方法确定不同因素的权重。

一、海域综合分等指标体系

1. 海域综合分等因素与指标类型

海域综合分等因素是指对海域质量、等别有重大影响，并能体现海域区位差异的自然、经济和社会条件。

海域分等受多种因素的影响，将其归纳在一起，构成分等因素体系。该体系首先有几个基本因素，每个基本因素可派生若干因素，其下包含一批因子，形成一个多层次、相互联系密切的因素、因子体系。由于各因素、因子所处的层次地位不同，在评价中不能将其随意调换，更不能在不同的层次间进行累加。

在评价各因素、因子对海域等别的影响时，必须应用一系列指标，才能客观比较其影响力的大小，同时也只能通过量化，才能进行加权求和，得到最后的综合评价结果。因素评价指标根据各因素、因子的性质及影响方式的不同，可分为硬指标和软指标两类。

1）硬指标是指某类因素、因子的影响程度可以用明确的数量关系进行表示的评价指标。例如，有些因素、因子可以参照国家或有关部门制定的规范、标准进行分类，在此基础上规定评分标准；有些因素、因子具有明确的度量单位，比较容易对其进行量化。

2）软指标又称定性指标，是指侧重从质的方面反映因素、因子的影响程度的评价指标。例如，在评价分等定级单元的区域属性时，很难直接用数量关系作为硬指标进行评价，对这样的因子，一般根据其经济地位等综合情况来对其进行直接赋值，从而完成评价。

2. 确定因素指标的基本原则与方法

由于影响海域分等的因素、因子很多，各地区的情况也千差万别，不可能也没必要将所有的因素、因子参与评分计算，应经过适当的筛选，选择出可参与计算的因素指标。确定因素指标的基本原则如下。

（1）显著性原则

定级因素、因子的指标值变化应对海域使用效益有显著影响，因素的指标值应有较大的变化范围，且能直观、客观地反映各海域等别的高低。因素的影响程度的大小又与因素的权值有密切关系，权值越高，因素越重要，在实际工作中，可以通过权值的分析确定因素、因子的重要性。

（2）稳定性原则

应当结合海域使用历史和现实的经验、海域使用发展趋势和对未来的影响，选择比较稳定的影响评价因素、因子，确保影响因素、因子具有稳定性、长效性，避免由于局部性的因素而造成分等定级的结果发生波动。

（3）独立性原则

海域分等的实质就是揭示海域质量的差别，如果参评因素、因子不能达到这一目标，即使重要性再大，也会失去现实意义。而实际中，海域分等定级的影响因素相当广泛，因素、因子之间可能具有相当大的信息冗余。也就是说，各因素、因子之间可能会有一定的相关性，势必对分等结果产生影响，因素、因子之间相关性越小，分析结果的准确度越高。

3. 综合分等指标体系

根据分等定级理论推导和分等定级工作经验，构建起由分等因素和评价指标组成的综合分等指标体系，包括 6 个分等因素和 14 个评价指标（见表 4-1）。

表 4-1 海域综合分等指标体系

分等因素	评价指标
海洋经济发达程度	单位岸线产值
	海洋经济产值占 GDP 的比重
	海洋经济总产值
	人均海洋经济产值
区域经济发展水平	人均 GDP
	GDP 增长率
	单位面积 GDP
	人均财政收入
毗邻土地属性	土地综合等别系数
区位条件	区域属性
	单位土地面积人口数
资源稀缺性	单位岸线人口数
海域环境质量	海水质量指数
	海洋灾害指数

（1）海洋经济发达程度

海洋经济越发达，对海域需求也越大，海域利用能力也越高，对海域使用价格有更大的影响，海域综合等别也较高。选择单位岸线产值、海洋经济产值占 GDP 的比重、海洋经济总产值、人均海洋经济产值四个因素作为评价指标。

（2）区域经济发展水平

经济水平越高，海域利用能力越强，用海效益越大，海域供需矛盾越突出，海域价值也越高，海域等别也就相应较高。选择人均 GDP、GDP 增长率、单位面积 GDP 和人均财政收入四个因素作为评价指标。

（3）毗邻土地属性

毗邻土地等级越高，毗邻海域的价值也越高，海域等别也越高。选择单元内临海土地综合等别系数作为评价指标，各土地等别分值标准如表 4-2 所示。

表 4-2 土地等别分值标准

项目	等别														
	一	二	三	四	五	六	七	八	九	十	十一	十二	十三	十四	十五
分值	45	42	39	36	33	30	27	24	21	18	15	12	9	6	3

土地综合等别系数计算过程：确定每个基本单元内临海的各等土地个数，求出每个等别土地数与相应的标准值之积，然后求和，并与临海土地总个数相除，该值即代表海域基本单元内的土地综合等别系数。计算公式为

$$D_{\mathrm{t}}=\sum(A\times N)/\sum N \tag{4-1}$$

式中，D_t——土地综合等别系数；

A——土地等别标准值；

N——某等别土地数量。

（4）区位条件

区位条件中选取城市的区域属性和单位土地面积人口数作为评价指标。

区域属性主要考虑到本次分等的基本单元的行政级别不一致，而导致的海域等差异。也就是说，同样的海域，在上海和在盐城的价值显然是不一样的。区域属性的赋值标准如表 4-3 所示。

表 4-3 区域属性赋值标准

直辖市	副省级市	地级市	县
100	80	50	30

（5）资源稀缺性

如果海域供应潜力较小，会限制海洋开发，阻碍海洋经济的进一步发展。因此，选取单位岸线人口数作为评价指标。

（6）海域环境

海域环境的优劣直接影响养殖与产量、效益和风险性，选取海水质量指数和海洋灾害指数作为评价指标。

海水质量指数根据全国海洋环境质量图求得。各类水质的质量标准值如表 4-4 所示。

表 4-4 海水质量标准值

项目	一类	二类	三类	四类	劣于四类
标准值	10	8	6	4	2

计算过程：确定每个基本单元内每类水质的面积，求出每类面积与相应标准值之积，然后求和，并与该基本单元的总面积相除，该值即代表海域基本单元内的海水质量指数。计算公式为

$$M_s = \sum (B_s \times S) \Big/ \sum S \tag{4-2}$$

式中，M_s——海水质量指数；

B_s——海水质量标准值；

S——某类水质的分布面积。

海洋灾害指数考虑风暴潮造成的经济损失、赤潮的影响范围和海冰的影响。基本单元有资料的直接采用该资料，没有资料的则采用相邻城市的均值。将各灾害直接标准化，然后求和，得出该市的海洋灾害总分值。考虑到海洋灾害与海域等的负相关关系，采用 100 减去总分值，得到海洋灾害指数。

二、海域定级指标体系

海域定级可采用综合定级和分类定级两种方法。以乡级和村级管辖的海域单元可进行综合定级或者综合定级和分类定级相结合；以网格法划分的海域单元或者不以行政管

辖范围划分的海域单元，宜采用分类定级方法。

1. 综合定级

综合定级指标体系包括影响海域质量的经济、社会、自然因素等，根据分值差异划分海域级别，其指标体系与权重可与综合分等指标体系一致。

2. 分类定级

根据填海造地用海、构筑物用海、围海用海和开放式用海制定四类用海的定级指标体系，指标体系的选择以反映自然条件的指标为主。其他用海由于效益没有区域差异，不进行定级。各类用海的定级指标体系和权重见表 4-5～表 4-8。

表 4-5　填海造地用海定级指标体系及权重

定级因素	权重	评价指标	权重
海域环境	0.40	海水质量指数	0.15
		海岸质量指数①	0.15
		毗邻海域土地出让金	0.10
毗邻土地属性	0.25	毗邻海域土地等级	0.15
		人均土地面积	0.10
海域稀缺性	0.15	人均岸线长度	0.15
区位条件	0.20	与城市中心距离	0.10
		交通条件发达指数②	0.06
		基础设施完善度③	0.04

① 海岸质量指数。按照沙质海岸最好（赋值 7），生物海岸好（赋值 5），淤泥质海岸较好（赋值 3），基岩海岸差（赋值 1）的原则，对评价单元海岸质量进行计算得到。公式为 $E=\sum P_iL_i/L$，其中，E 为海岸质量指数，P_i 为所属海岸类型分值，L_i 为所属海岸长度，L 为评价单元海岸总长度。

② 交通条件发达指数。包括道路通达度、公交便捷度和对外交通便利度等。

③ 基础设施完善度。包括生活设施完善度和公用设施完备度。

表 4-6　构筑物用海定级指标体系及权重

定级因素	权重	评价指标	权重
海域自然状况	0.60	水深指数①	0.25
		坡度指数②	0.10
		沉积物质量指数③	0.05
		自然灾害指数	0.20
海域环境	0.20	海水质量指数	0.10
		海岸质量指数	0.10
区位条件	0.20	交通条件发达指数	0.15
		区域等级指数	0.05

① 水深指数——水深倒数。

② 坡度指数——坡度倒数。

③ 沉积物质量指数——沉积物粒度倒数。

表 4-7 围海用海定级指标体系及权重

定级因素	权重	评价指标	权重
海域环境	0.40	海水质量指数	0.25
		海岸质量指数	0.15
海域自然状况	0.25	水深指数	0.15
		坡度指数	0.10
海域稀缺性	0.15	人均岸线长度	0.15
区位条件	0.20	区域等级指数	0.10
		交通条件发达指数	0.06
		基础设施完善度	0.04

表 4-8 开放式用海定级指标体系及权重

定级因素	权重	评价指标	权重
水深指数	0.20	—	0.20
海域自然状况	0.20	坡度指数	0.15
		沉积物质量指数	0.05
海域环境	0.30	海水质量指数	0.20
		海岸质量指数	0.10
海域生物资源状况	0.20	生物资源丰度	0.20
区位条件	0.10	区域等级指数	0.06
		交通条件发达指数	0.04

三、分等定级因素权重的确定

不同指标对海域分等影响程度不同，即权重不同，权重的确定方法主要有德尔菲测定法、因素成对比较法和层次分析法等。权重的确定具有以下特点。

1）权重值和因素、指标对海域影响的大小成正比，数值在 0 和 1 之间。

2）各因素的权重值之和为 1，各指标的权重值之和也为 1。

3）因素权重等于其所包含指标的权重值之和。

1. 德尔菲测定法

德尔菲测定法的主要工作是组织专家对分类定级因素、因子权重做出概率估计，实施的具体要求如下。

1）专家应熟悉海域分类定级技术、海域使用管理，或为海域管理高层次决策者，专家的总体权威性较高，代表面广，人数适当，一般为 10～30 人。

2）设计评估意见征询表，表格要简明扼要，填表方式要简单。

3）专家对分级影响因素、因子进行打分，打分应根据因素、因子的背景资料和打分说明在不协商的情况下进行，并求出各因素、因子所有专家打分的均值和方差。

4）打分轮次为 2～3 轮。从第二轮次起，打分必须参考上轮打分结果进行。

5）经过征询和信息反馈 2～3 次，使均值逐步接近最后的评估结果，而方差越来越小，即意见的分散程度越来越小。

在分值评估中，均值和标准差的计算公式为

$$\overline{X}=\frac{\sum_{i=1}^{m}a_i}{m} \tag{4-3}$$

$$S=\sqrt{\frac{1}{m-1}\sum_{i=1}^{m}(a_i-E)^2} \tag{4-4}$$

式中，m——专家总人数；

a_i——第 i 位专家的评分值；

$\overline{X}$——样本均值；

S——样本标准差。

2. 因素成对比较法

因素成对比较法的应用过程为：对所选因素进行相对重要性两两比较后赋值，之后计算权重。具体实施要求如下。

1）对比结果要符合 A 因素>B 因素，B 因素>C 因素，则 A 因素>C 因素的关系。

2）对因素所赋的值在 0～1 内，同时两因素值之和等于 1。例如，A 比 B 重要，A=1，B=0；A 与 B 同等重要，A=0.5，B=0.5；A 不比 B 重要，A=0，B=1。

3）将所有结果汇总，得到各因素的权重值。该方法在数学上的描述如下。

设有一元素集合 $\{v_1,\cdots,v_i,\cdots,v_j,\cdots,v_n\}$，且设 v_{ij} 表示 v_i 因素与 v_j 因素重要性的比较结果，即

$$v_{ij}=\begin{cases}1, & v_i\text{比}v_j\text{重要}\\ 0.5, & v_i\text{与}v_j\text{同等重要}\\ 0, & v_j\text{比}v_i\text{重要}\end{cases}$$

为防止某一因素权重为零，通常在因素集合中设置一虚拟目标 v_{n+1}，所有原有因素都比该因素重要，这样得到如下新的因素集合。

$$\{v_1,\cdots,v_i,\cdots,v_j,\cdots,v_n,v_{n+1}\}$$

所有因素与虚拟因素进行比较，即

$$v_{i,n+1}=1\quad(i=1,2,\cdots,n)$$

所有因素比较值之和为

$$\sum_{i=1}^{n+1}\sum_{j=1,j\neq1}^{n+1}v_{ij}=\frac{n(n+1)}{2} \tag{4-5}$$

各因素权重值为

$$a_i=\sum_{j=1,j\neq1}^{n+1}v_{ij}\Bigg/\sum_{i=1}^{n+1}\sum_{j=1,j\neq1}^{n+1}v_{ij}\quad(i=1,2,\cdots,n+1) \tag{4-6}$$

表示出了一个六因素通过“因素成对比较”进行权重调查的例子。

当因素数较少时，可采用表 4-9 中的格式来进行因素比较和权重确定，当因素较多

时，在计算机上通过编程采用人机对话的方式来进行（表 4-9 中 v_7 为虚拟因素）。

表 4-9 因素成对比较

因素	v_1	v_2	v_3	v_4	v_5	v_6	v_7	比较值总计	权重
v_1		0	1	1	0	0	1	3.0	0.14
v_2	1		1	0.5	0.5	1	1	5.0	0.24
v_3	0	0		0.5	0	0.5	1	2.0	0.09
v_4	0	0.5	0.5		0.5	0	1	2.5	0.12
v_5	1	0.5	1	0.5		1	1	5.0	0.24
v_6	1	0	0.5	1	0		1	3.5	0.17
v_7	0	0	0	0	0	0		0	0

注：因素成对比较法一般采用 0、0.5、1 三种值，赋值方法简单，但显得不够精确，特别在 *A* 因素比 *B* 因素重要性高很多时，如高 3 倍、5 倍时，就不易反映。因此实际工作中，应视不同情况采用多种赋值。如 *A* 因素比 *B* 因素重要 4 倍，则 *A* 因素值为 0.8，*B* 因素值为 0.2；若 *A* 因素比 *B* 因素重要 3/2 倍，则 *A* 因素值为 0.6，*B* 因素值为 0.4 等；虚拟因素权重值为零。

3. 层次分析法

层次分析法把复杂的问题分解为各个组成因素，将这些因素按支配关系进行分组，形成有序的递阶层次结构，通过两两比较的方式确定层次中诸因素的相对重要性，然后综合人的判断，决定诸因素相对重要性的总的顺序。该方法的数学描述如下。

设有 $X_1, X_2, \cdots, X_n$，共 n 个评价指标，构造如下矩阵。

$$\boldsymbol{A}=\begin{bmatrix} a_{11} & a_{12} & \cdots & a_{1n} \\ a_{21} & a_{22} & \cdots & a_{2n} \\ \vdots & \vdots & & \vdots \\ a_{n1} & a_{n2} & \cdots & a_{nn} \end{bmatrix} \tag{4-7}$$

式中，a_{ij} —— X_i 对 X_j 的影响程度，即表示由于 X_i 发生变化给 X_j 带来的影响。

矩阵中的 a_{ij} 由专家评定给出，a_{ij} 的取值如表 4-10 所示。

表 4-10 指标对比赋值

项目	极重要	很重要	重要	略重要	相等	略不重要	不重要	很不重要	极不重要
评价值	9	7	5	3	1	1/3	1/5	1/7	1/9

对判断矩阵 $\boldsymbol{A}$，解特征根 $AW = \lambda_{\max} W$，所得到的 W 经正规化后作为元素 $X_1, X_2, \cdots, X_n$ 的权重。一般用近似方法求 $\lambda_{\max}$ 和 W，可用如下方法求得。

1）计算判断矩阵各行元素的积 M_1。

$$M_1 = \prod_{j=1}^{n} a_{ij} \quad (i = 1, 2, \cdots, n) \tag{4-8}$$

2）求各行 M_1 的 n 次方根。

$$P_i = \sqrt[n]{M_i} \tag{4-9}$$

3）对 P_i 作规一化处理，即得相应的权数。

$$W_i = P_i \Big/ \sum P_i \quad (i = 1, 2, \cdots, n) \tag{4-10}$$

4）对判断矩阵进行一致性检验。判断矩阵具有一致性的条件是矩阵的最大特征根与矩阵阶数相等，据此建立一致性评价值为

$$CI=\frac{\lambda_{max}-n}{n-1} \tag{4-11}$$

其中：

$$\lambda_{max}=\sum_{i=1}^{n}\frac{(AW)_i}{nw_i} \tag{4-12}$$

式中，$(AW)_i$——AW 的第 i 个元素。

5）求得随机一致性比率 CR 值。

$$CR=CI/RI \tag{4-13}$$

式中，RI——随机一致性标准值（见表 4-11）。

表 4-11　随机一致性标准值

项目	维数								
	1	2	3	4	5	6	7	8	9
RI	0.00	0.00	0.58	0.96	1.12	1.24	1.32	1.41	1.45

当 CR 值小于 0.1 时，一般认为矩阵具有满意的一致性；反之，CR 值大于 0.1 时，则认为矩阵不具有满意的一致性。当多个专家分别给定判断矩阵后，分别通过一致性检验，运用简单的算术平均法将专家意见综合平均，即可得到反映各评价指标相对重要性的权数。

第三节　海域分等定级的程序与方法

一、分等定级的程序

根据海域分等定级的基本情况，借鉴国内外相关行业尤其是土地分等定级等工作开展的经验，海域分等定级的基本步骤如下。

1. 编写任务书和实施方案，做好前期准备

海域分等定级是一项涉及面广、工作时间长、人力和物力投入大的技术工作。工作开展前，要根据海域的实际情况、完成任务的时间、投入人力和物力的多少、成果的精度和形式等要求，编制一个详细的海域分等定级任务书，统筹安排工作的实施和经费等。任务书由开展分等定级工作的相关单位编写，经上级管理部门批准后实施。

2. 收集资料

海域分等定级的影响因素复杂多样，需要综合考虑，因此，需要从其他部门收集大量的资料，将与海域分等定级有关的社会、经济、自然资料收集齐全。根据工作内容和工作要求，准备工作分为室内工作和实地现场工作。室内工作主要是收集和整理工作地区的已有资料，包括海域使用、环境、气候、地质等自然条件方面的资料；关于用海效

益、涉海产业经济状况、涉海产业分布、涉海产业规划等社会经济方面的资料；过去在工作地区所进行的有关涉海产业经济调查和评价工作成果资料等。实地现场工作的主要任务在于对所收集到的资料进行实地对照验证，以鉴定其可靠程度，同时对变化了的情况进行必要的修正和补充工作，使供计算的原始资料具有实用性和实效性。

3. 资料整理及分值表的编制

各部门的统计资料、工作成果和工作经验，是按照各部门的需要整理的，不一定适合海域分等定级工作的需要，必须按照分等定级的要求，将资料重新分类整理。

在资料整理的基础上，根据因素和海域质量的相关方式及因素特征之间的相关程度，编制各因素、因子分值评定表，用于进行因素选择及其权重的确定。

4. 选择参评因素和确定权重

因素、因子选择与权重确定所使用的数学方法基本一致。权重是一个因素、因子对海域等别影响程度的体现。由于影响海域等别的因素很多，也不必要都选择来进行分等定级计算，应选择重要的因素，去掉影响不大的因素。根据重要性排序和差异选择后确定的因素，才能确定为海域综合分等定级因素。

5. 确定海域分等定级单元

由于影响海域质量和用海的自然、经济因素地域差异很大且极为复杂，所以为了对海域质量运用经济指标进行等级评价，划分单元能方便地对影响因素进行客观选取，并能保证计算的准确性和科学性。简化上述各项因素，通过单元的确定，使得各单元内海域质量等别差异性尽可能地保持在比较低的水平。

定级单元是进行海域定级的基本空间单位，确定海域分等定级单元的方法，大体有如下三种。

1）叠置法，即将海域利用现状图、海域功能区划图等图件资料进行叠置，叠置后生成的图斑即为评价单元。

2）网格单元法，即把评价定级划分为一定尺寸的网格，以网格作为评价单元。

3）矢量叠加法，即将定级因素因子作区域赋值并矢量化，然后将所有参与定级的因素因子的矢量数据进行叠加，最终形成的图斑即为评估单元。

6. 指标值的计算及海域等别初步划分

根据划分的定级单元，计算单元内各因素分值，将各分子加权求和，按总分的分布排列和实际情况，初步划分海域等别。

划分海域等别有如下三种方法。

1）总分数轴法。将总分值点绘于数轴上，按海域优劣的实际情况选择点稀少处为等间分界。

2）总分频率曲线法。对总分值作频率统计，绘制频率直方图，按海域优劣的实际情况，选择频率曲线分布突变处为等间分界。

3）总分剖面线法。沿不同方向绘制总分变化剖面，按海域优劣的实际情况，以剖面线突变段为等间分界。

7. 海域等别校核与调整

按照数理统计要求，在选择适当的数字模型的基础上，测算不同等别海域上典型产业的级差收益，以此来验证初步划分的海域等别的合理性。

校核和验证的方法主要有实地对照检查验证和样点海域收益状况验证两类。

1）实地对照检查验证与级别的范围、边界调整应做到级别高低与海域相对优劣的对应关系基本一致；相邻单元之间海域级差渐变过渡不宜过大；注意自然区域和权属单位的完整性；边界尽量采用功能区划界线及经纬度等。

2）样点海域收益状况验证海域级别应遵循近邻平衡原则，即空间相近但分属于不同行政区域的海域间，应根据区域经济发展状况保持适当的级别平衡。

8. 海域分等定级报告及成果验收归档

海域分等定级工作完成后，要编制海域分等定级报告，说明分等定级工作情况、分等定级方法、分等定级成果，分析所划分的海域等别，总结工作经验和问题等。

二、分等定级资料的收集与整理

1. 资料内容

1）图件。包括海洋功能区划图、用海现状图、土地利用现状图、土地利用规划图等。

2）文字资料。包括统计年鉴、海洋功能区划报告、社会经济发展规划、海洋经济发展规划、旅游规划、渔业规划、围填海规划、港口建设规划、海洋环境质量公布、经济统计年报、土地利用规划和政府文件（海洋、土地等方面）。

3）海域勘界和确权资料。包括各类用海项目的总收入、面积、人员、工资、投入、成本等方面的资料，各类用海的利润（单位海域面积利润和万元投资利润）。

2. 资料收集时限

要求收集最近三年以内的资料；按实际情况确定分等定级的基准年。将原始调查、现场记录、分析测试等原始记录资料进行整理装订，形成规范的原始资料档案。对原始电子文件进行整理并进行标注。原始资料内容包括调查实施计划、调查报告、图件、各种现场记录、分析测试鉴定等记录表、图像或图片及文字说明、数据记录等。

将原始调查资料、测试分析报表和电子数据按照资料内容分类整理，按统一资料记录格式编汇成电子文件，包括整理后的原始资料、整编资料、研究报告和成果图件、资料清单、元数据、资料质量评价报告、资料审核验收报告、资料整理和整编记录。

三、海域综合等别的初步划分

海域综合等别按照综合分值分布状况划分，不同海域等别对应不同的综合分值区间。按照从优到劣的顺序对应于 1,2,3,…,n 个等别值（n 为正整数），任何一个综合分值只能对应一个海域等别。

根据综合分值，可以采用如下方法的一种或多种进行海域等别的初步划分。

1. 数轴法

数轴法将综合分值点标绘在一条数轴上，设数轴坐标值为 0～100 分，数轴上的点与分值一一对应，将定级海域不同类型用海的各样本单元的总分值点绘于数轴上，按海域利用的实际情况，根据数轴上数据点的分布与聚集情况，选择数点稀少处为级间分界，相对密集的分值区间就可以考虑为某一级别划分的范围，确定定级域值，划分不同类型用海级别。

2. 总分频率曲线法

总分频率曲线法对各海域定级单元综合分值进行频率统计分析，将全部分值区间划成若干细小的区间，并统计各分值区间内分布的单元个数，通过计算区间内单元数占总单元数的百分比，即频率分布，绘制频率直方图，根据频率直方图按海域利用效果的实际情况，选择频率曲线突变处作为海域级别边界。

3. 综合分等法

综合考虑数轴法、总分频率曲线法的结果，利用聚类分析法验证，并作相应的调整，最终确定海域等别。

四、海域等别分值的计算与等别划分

海域等别的初步划分是在运用多因素综合评价方法计算分等单元的综合分值的基础上，采用相关方法确定的。

分等单元的综合分值计算须从因子指标的标准化开始，经因素分值计算，自下而上逐层进行。在一个分等初步方案形成过程中，因子指标标准化的方法应保持一致。

1. 海域分等因子分值计算方法

在海域分等因子资料整理的基础上，采用位序标准化或极值标准化的方法，计算因子分值，因子分值应在 0～100 之间。因子分值越大，表示分等单元受相应因子的影响效果越佳。

（1）极值对数标准化

极值对数标准化采用对数相对值方法计算指标的标准化分值，按 0～100 分封闭区间赋分。因素指标与作用分的关系呈正相关，指标条件越好，作用分越高，计算公式为

$$f_i = 100\left[\ln(x_i) - \ln(x_{\min})\right] / \left[\ln(x_{\max}) - \ln(x_{\min})\right] \tag{4-14}$$

式中，f_i——某指标值的作用分；

$x_{\min}$、$x_{\max}$、x_i——指标的最小值、最大值和某数值。

在海域分等中，单位岸线产值、海洋经济产值占 GDP 比重、海洋经济总产值、人均海洋经济产值、人均 GDP、GDP 增长率、单位面积 GDP、人均财政收入、单位土地面积人口数和单位岸线人口数采用极值对数标准化方法处理。

（2）极值标准化

极值标准化的公式采用相对值法计算指标的作用分，与极值对数标准化方法相比，主要在于对原始数据不进行对数变换，标准化结果按 0～100 分封闭区间赋分。因素指标与作用分的关系呈正相关，指标条件越好，作用分越高，计算公式为

$$f_i = \frac{x_i - x_{\min}}{x_{\max} - x_{\min}} \times 100 \tag{4-15}$$

式中，f_i——某指标值作用分；

$x_{\min}$——指标最小值；

$x_{\max}$——指标最大值；

x_i——指标的某数值。

在海域分等指标中，综合等级系数采用极值标准化方法处理。

（3）赋值标准化

对于区域属性、海水质量指数和海洋灾害指数三个指标，指标分值是通过赋值得到的。因此，在赋值时直接按照 0～100 封闭区间取值，可直接得到标准化结果。

2. 各因素对应的因子分值计算

各指标数据经过标准化后，根据前述确定的权重大小可知，各分等单元的海域等分值计算公式为

$$F_i = \sum_{j=1}^{n} a_{ij} f_{ij} \tag{4-16}$$

式中，F_i——分等单元 i 最终海域等分值；

a_{ij}——单元 i 中指标 j 的权重；

f_{ij}——单元 i 中指标 j 的标准化分值。

五、海域等别的校核与调整

海域等别的校核应采用聚类分析法、相关分析法等进行。

1. 聚类分析法

1）对分等对象的因子分值进行相应的标准化处理。

2）按德尔菲法确定各因素、因子的权重。

3）根据聚类分析法的要求计算任意两个分等对象的加权欧氏距离，即

$$D_{ij} = \left\{\sum [W_k (X_{ik} - X_{jk})]^2\right\}^{1/2} \tag{4-17}$$

式中，D_{ij}——第 i 个分等对象到第 j 个分等对象的欧氏距离；

W_k——第 k 项因子的权重值；

X_{ik}——第 i 个分等对象第 k 项因子的评分值；

X_{jk}——第 j 个分等对象第 k 项因子的评分值。

4）勾画聚类分析谱系图，按一次分成最短距离法进行分等对象聚类。

5）根据聚类结果划分海域等别，将结果填入等别划分表。

2. 相关分析法

海域分等与价值评估的最终目的是为了反映评估海域的质量现状和开发效益。因此，等别划分结果应该体现评估海域的经济价值和海洋开发程度，即与评估区域的海洋经济产值、区域竞争力及土地资源价值等具有较好的相关性。

根据计算的海域等别综合分值，与海洋经济产值、土地等级分值和区域竞争力等指标进行相关性分析，计算相关系数，根据相关系数的高低，确定海域综合等别分值的正确性，并对海域等别指标体系和权重进行相应的调整。

海域分等的确定应遵循近邻平衡原则，即空间相近但分属于不同行政区域的海域应根据区域经济发展状况保持适当的等别平衡。

在调整与确定海域分等定级时，聘请专家的数量应在 10～40 人，专家应是从事海域管理、估价、区域海洋经济发展与规划研究等方面的人士，其中熟悉海域分等定级技术与海域使用市场形势的专家应达到一定的数量。

海域分等定级最终结果的确定应综合考虑专家和下级海域行政主管部门的反馈意见，在分等报告中应说明海域等别调整的依据和原因，将最终确定的海域等别填入表中。

根据多因素综合评价初步划分的海域等别，结合聚类分析、相关分析等方法对海域分等结果进行校核后形成基本方案，之后进行专家咨询和相关海域行政主管部门意见征询，对海域级别的范围、边界进行修订调整，最后确定海域级别界线，编绘海域级别图，并进行面积量算。

第五章

海域自然资本多源价值的表达与实现

海域自然资本是以人类作为服务对象，以海洋生态系统为物质基础，由生物组分、系统本身、系统功能产生，海洋生态系统和海洋生态经济复合系统可以实现人类所能获得的福祉。因此，将海域自然资本和人类社会作为共同发展的整体，而不是以海域自然资本的退化或消失换取社会的发展是海洋生态文明建设的必由之路。

第一节　海域功能的分类与表征

一、海域自然资本的概念与内涵

关于什么是海域自然资本，目前学术界并没有明确的定义。但由于海域是一种典型的自然资本，因此，要理解什么是海域自然资本，必须从理解什么是自然资本开始。

“自然资本”是伴随着可持续发展研究的深入而出现的概念。当前学术界对“自然资本”概念的一般理解是将自然资本视为自然界生态系统的自然资源。将自然资源视为一种资本，强调的是自然资源本身在经济社会发展中的作用。大卫·皮尔斯（David Pearce）（1988）首先引入了自然资本的概念，他认为，如果自然环境被当作一种自然资产存量服务于经济，可持续发展政策的目标就具有可操作性。

海域自然资本是指在一定时空条件下，作为自然资产的海域及其在可预见的未来所产生的海洋生态系统服务流和资源流的存量，包含海域利用结构、组成成分和多样性生态服务功能等。从自然资本的视角来审视生态系统服务，它是由基于海域自然资源的物质流、能源流和信息流组成的，是人类直接或者间接从生态系统服务流中获得利益的一种体现，它可以与人力资本和人造资本共同作用，提升人类福利。海域自然资本的存量和流量的变化基于海域的生态系统服务的特定形态的改变，它将使维持和增进人类福利的成本和收益发生改变。

二、海域功能的表征与量化

为了测度和核算海域自然资本，首先需要对海域功能做一个科学的界定。在本书中，功能与海域功能的含义如下。

1）“功能”是指过程，具有该含义的“功能”用于说明状态之间的改变，如海洋退化。

2）“功能”是指系统过程，而过程是整体的一部分。这里的“功能”指系统之间复杂的相互作用过程和组件，以及它们如何有助于海域自然资本提升，如水体交换能力。

3）“功能”是指服务。在这里，“功能”描述特定的特征对人类或其他生物及整个系统的实际应用，如海域净化能力。

4）“海域功能”的概念与“海洋生态系统服务功能”的概念在很多时候是可以互换的，即等同的。

海域功能或者说海洋生态系统服务功能作用的发挥比较复杂，是由海域自身的物质循环、能量流动、生物演替和信息传递特征决定的，是海域的固有属性。

三、海域功能的分类体系

从商品和服务的角度看，海域具有人类生活需要的环境、经济、社会和文化的功能。本书参照千年生态系统评估（millennium ecosystem assessment，2005）分类模型，结合国内外已有的海洋功能分类研究成果，对海域功能进行了探索性的划分，即海洋的供给功能、调节功能、文化功能、支持功能。

1. 供给功能

供给功能是指海洋为人类提供食品、原材料和基因资源等产品和服务，从而满足和维持人类物质需要的功能，包括食品生产、原料供给、提供基因资源等服务。

1）食品生产。它是指海洋生态系统为人类提供可食用产品的服务。

2）原料供给。它是指海洋生态系统为人类提供工业生产性原料、医药用材料、装饰观赏材料等产品的服务。

3）提供基因资源。它是指海洋生态系统为人类提供海洋动物、植物、微生物所蕴含的已利用的和具有开发利用潜力的遗传基因资源。

2. 调节功能

调节功能是指人类在海洋调节的过程中获得的服务，主要包括气候调节、气体调节、废弃物处理、生物控制、干扰调节等。

1）气候调节。它是指海洋生态系统通过一系列物理的、化学的和生物的共同的生态过程来调节全球及地区温度、降水的服务。

2）气体调节。它主要指海洋生态系统提供的维持空气化学组分稳定、维护空气质量以适宜人类生存的服务。

3）废弃物处理。它是指海洋生态系统所具有的对人类产生的各种排海污染物的降解、吸收和转化功能，即对人类所产生的污染物的无害化处理功能。

4）生物控制。它是指通过生物种群的营养动力学机制，海洋生态系统所提供的控制有害生物、维持系统平衡和降低相关灾害损失的服务。

5）干扰调节。它是指海洋生态系统提供的对人类生存环境波动的响应和调节功能。

3. 文化功能

文化功能是指人们通过精神感受、知识获取、主观印象、消遣娱乐和美学体验等方式从海洋中获得的非物质利益，主要包括具有休闲娱乐价值、精神文化价值和教育科研价值的服务。同时，文化功能还包括人类从海岸带生态系统获得的非物质收益，如娱乐及审美体验等。

1）休闲娱乐。海洋生态系统向人类提供旅游休闲资源的服务。

2）精神文化。海洋生态系统通过其外在景观和内在组成部分给人类提供精神文化载体及资源的非商业性用途服务。

3）教育科研。海洋生态系统为人类科学研究和教育提供素材服务。

4. 支持功能

1）提供生境。海洋生态系统为定居和洄游种群提供生境的服务，也包括为人类提供居所。

2）场所及其他资源的初级生产。海洋生态系统固定外在能量（太阳能、化学能及其他能量），制造有机物，为系统的正常运转和功能的正常发挥提供初始能量来源和物质基础的服务。

3）营养元素循环。海洋生态系统对营养元素提供储存、循环、转化和吸收服务。

4）物种多样性维持。海洋生态系统通过其组分与生态过程维持物种多样性水平的服务。

仔细分析可以发现，所有这些服务是相互作用并且互相依赖的。很多的相互关系发生在四大类服务之间，支持功能为调节功能、供给功能、文化功能提供了基础。同样，在每一个大类服务之中的子服务之间也是互相联系的，如气体调节影响气候调节。如果没有生境服务对物种多样性的维持，人们将无法收获鱼类、贝类和医药中的基因物质；生境服务对生物多样性的保护、食物和原材料的获取都非常重要；初级生产是气体调节、气候调节及其他服务的基础。

四、海域自然资本和生态系统服务

通过构建基于社会属性的自然资本核算框架体系，首先，可以提供人们研究自然资本的新路径，帮助公众树立自然资本的观念，了解自然资本的价值，从而对自然资本有一个全新的了解；其次，可以正确评价自然资本的价值，为政府做出合理决策提供科学依据，为自然资本管理机构的经营管理提供指导性帮助，以便更好地管理自然资本，协调保护与利用的关系，从而实现资源的可持续利用；最后，把自然资本核算与自然资本经营管理实践相结合，推动科技成果的转化。

1. 自然资本与生态经济系统

自然资本是以自然资源和环境特定物投入生产的资本，体现自然资源、环境与人类生产的关系；自然资本具有自然属性和社会属性双重属性。生态经济系统则是由植物、动物和微生物群落及微生物环境相互作用所构成的一个动态、复杂的功能单元。自然资本不仅定义了自然资源和环境的自然属性，还定义了资本的社会属性，凝聚了人类的生产关系。生态系统描述了自然资源和环境的内在一体性，体现自然的过程和状态。研究自然资本，能够整合生态学和经济学知识，从而对生态可持续发展、经济可持续发展等问题进行深入研究，把生态经济系统服务价值纳入经济核算体系，实现自然规律与经济规律的对接。

2. 生态系统评估、生态系统服务价值评估与自然资本核算

生态系统评估是系统分析生态系统的生产及服务能力，对生态系统进行健康诊断，做出综合的生态分析和经济分析，评价其当前状态，并预测生态系统今后的发展趋势，为生态系统管理提供科学依据的行为。生态系统服务价值评估和自然资本核算是以生态学为基础，应用经济学方法进行的货币化评估。生态系统评估告诉人们生态系统过去、现在和将来的状态，生态系统和人类福祉的关系。生态系统服务价值评估和自然资本核算的结论告诉人们尊重自然资本的价值和经营自然资本价值的意义所在。

第二节 海域自然资本的识别与实现

一、海域资源和自然资本

海域资源价值是指海域本身所具有的能够满足人类生存和发展需要的客观属性。海域本身具有能够满足人类生存和发展需要的客观属性，对人类是有效用的。海域自然资本具有自然、经济和法律属性。海域自然资本的自然属性包括天然性、有限性与稀缺性、生态性和区域性等；海域自然资本的经济属性是指其具有使用价值，能够为用海者提供远期经济利益，这也是海域自然资本的本质所在；而海域自然资本的法律属性则是指海域资产产权在法律上具有独立性，其使用权可以依法交易。

对海域自然资本可从以下四个方面进行理解。

1）从其本质特征来看，海域自然资本是一种经济资源，用海者可借助于对它的使用在远期获得一定的经济收益，实现其效用。从经济学角度所说的资源一般指稀缺资源，效用是经济资源之所以能够成为资产在自然属性上的必备条件。此外，作为资本，在自然属性上又必须存在稀缺性，即为了获取它必须付出一定的代价。

2）从所有权特征上来看，海域是由国家所拥有的资产，由国务院代表国家行使海域所有权，任何单位和个人只能依法取得海域的使用权，不能取得海域的所有权，这从根本上理顺国家与集体、个人之间在海域的所有与使用上的权属关系，从而维护国家的所有者权益。

3）从存在形态上来看，海域自然资本既包括有形的物质，也包括无形的经济权利。

4）海域自然资本是能够用货币或实物等进行计量的。

二、海域自然资本价值的本质与来源

在不同的社会经济发展阶段，人们对海域资源的使用和需求不同，因此，海域资源在使用过程中所表现的外部性也不相同。产权的范围和边界随着经济社会发展而变迁，同理，产权所内含的经济利益也是一个不断调整的过程，这一过程与人们对海域使用的社会经济条件和技术条件的变化是相吻合的。超越一定的社会经济条件和技术条件，希望将海域资源使用过程中的所有外部性效用都纳入当前的核算中来，既不现实也不可能。因此，在定义海域自然资本价值时，需要对外部性效用增加一个限制条件，即在一定的社会经济条件和技术条件下的能够量化的外部性效用，而对一般难以量化的外部性效用

都不作考虑。

海域自然资本价值是海域资源处于某一使用状态下的市场价值与其在一定的社会经济条件和技术条件下的能量化的外部性效用之和。海域自然资本价值体现了可持续发展的思想，即对海域资源使用的评价不只是从个人所取得的最大化角度判断，而是考虑了将现行使用状态下的外部性效用予以量化。

这种综合效益最大化原则，可以全面地考察海域资源利用的每一个安排，从个人利益最大化来考虑，从而实现海域资源的可持续利用。

1. 海域各组分提供功能

海域具有明显的地域性和多样性，对生态系统所提供的功能来核算自然资本价值之前，必须将海域利用和海域功能通盘考虑，海域利用是海域自然资本、生态系统服务和人类福利之间的纽带。尽管面临着很多困难，但海域功能货币化计量仍是衡量海域资本价值的有效方法之一。

（1）化学与物理特征

化学与物理特征是海域自然资本的本底，通常情况下，水质由水中溶解的化学物质浓度（如营养物、杀虫剂和其他污染物）来度量。营养物质通过河流、污水管道出口、大气沉降及深海洋流上涌等方式进入近海水域。化学污染物可通过人类活动直接进入沿海水域，也可通过河流或者大气沉降作用进入海洋。

海洋中植物生长所需营养物质（主要是氮和磷）过多会刺激海藻的生长和分解，从而消耗河口和海水中的溶解氧，氧气耗竭区域（含氧量低的区域）会直接导致鱼类等海洋动物的死亡，破坏物种栖息地（如海草和大型褐藻海床），也会破坏动物洄游模式。杀虫剂、重金属及有机污染物等能够在海洋沉积物中积聚，并被食物链底层的生物吸收。这样，这些化学物质随着生物放大作用，将以更高浓度存在于人类、鱼类和其他动物体内。

海岸侵蚀情况和海水温度变化情况是影响海岸和海域自然资本服务的两个物理指标，侵蚀会直接破坏海岸的特征和结构，使海滩面积减少，还会导致陆地易受到暴风雨的破坏。海水温度上升及冰盖融化，会加剧海平面上升效应。海水温度变化还会影响海洋生物的分布，改变海藻生长速度，使地表水体升温，并加剧飓风的产生和飓风的强度。

（2）生物组分

生物组分分布与格局能够使我们了解生态系统的大小和形状信息，而生物组分指标可以提供微观尺度上的信息，它主要描述生态系统中的有机体。每个生态系统都有许多植物和动物群落。这些有生命的组分与其物理和化学环境相互作用，影响生态系统的整体结构及关键生态过程，如养分循环过程，加剧或减缓自然灾害的干扰。为了能够在多个尺度上描述生物的部分信息，具体指标侧重于体现植物、动物和生态系统生产力。生物组分指标有助于我们更深入理解重要的政策措施。

沿海水域孕育了地球上最多样的动植物群落，小到藻类、线虫类微生物，大到鲸类。生物组分指标阐明了本地海洋生物和海洋生产力的现状和整体发展趋势，非本地物种入侵及影响沿海水域中生物群落的其他因素。本地海洋生物数量变化能够反映海域自然资本理化特征的改变及栖息地范围与格局的变化，非本地物种，包括本地物种的天敌和寄生虫等，可能会带来疾病、破坏生态系统平衡、与本地物种争夺食物和栖息地，其数量可能会随着生态系统变化而变化。主要海洋物种的死亡率（死亡数量）、有害藻类事件及底栖动物群落状况的变化，或海藻总产量，也能反映海洋生态系统的状况。例如，适量海藻产量（较高的叶绿素含量）可以供较多鱼类生存，但海藻过度增长则会恶化水质，导致氧气耗竭。但这些指标变化，一般是受多种因素影响，很难确定直接原因。

海洋生物为人类提供丰富的产品和服务，主要海洋物种灭绝会导致重要物种栖息地发生改变，有害藻类赤潮现象会影响海滨休闲活动和贝类产品的销售。海岸生产力变化可通过叶绿素含量水平测定，随着海岸食物链和沿岸营养物的变化而产生微弱变化。此外，某些非本地物种会影响滨海旅游活动等。

（3）产品与服务

从社会和经济角度来看，海岸和海洋的两个重要用途是捕鱼和娱乐，鱼类捕捞数量是衡量渔业食品供应和其他商业用途的直接指标。渔业当前和未来的其他重要指标，包括重要经济鱼类数量变化趋势及鱼类使用安全状况，即鱼内含有的化学物质浓度是否超出可供人类使用的阈值。沿海水域受污染频率和程度是评估海岸娱乐功能的指标，同时也关系到公众健康。在受污染的水中游泳会引发一系列疾病，轻则喉咙疼痛和腹泻，重则会引发危及生命的脑膜炎和脑炎。此外，海滩关闭会影响旅游业及海景房的价格。

（4）海域生物生境

海域生物生境由生物体（如海草）、红树林和海域湿地组成，是生物生产力最强盛的生态系统。这些生境的丧失会导致海岸物种减少甚至灭绝，对许多海洋物种至关重要。如果这些生境面积减少，依赖这些生境生存的有机体数量就会减少甚至消失。海域生物生境是海洋食物链的关键组成部分。生境还能减缓风和海浪的侵蚀破坏，保护内陆区域。

（5）海岸线类型

海岸线指海陆分界线，其位置的历史变动能客观地反映海陆各种动力过程在不同时空尺度上相互作用的结果。海岸线长度通常用以表征区域海洋资源丰富，海岸线类型在一定程度上决定着区域近岸海洋资源的开发利用方向和价值。根据海岸底质特征与空间形态，可将海岸线划分为基岩海岸线、砂质海岸线、淤泥质海岸线、生物海岸线和河口海岸线。基岩海岸线的潮间带底质以基岩为主，是由第四纪冰川后期海平面上升，淹没了沿岸的基岩山体、河谷，再经过长期的海洋动力过程作用形成的岬角、港湾相间的曲折岸线。砂质海岸线的潮间带底质主要为沙砾，是由沙、砾等沉积物质在波浪的长期作用下形成的相对平直的岸线，包括水下岸坡、海滩、沿岸沙坝、海岸沙丘及潟湖。淤泥质海岸线的潮间带底质基本为粉沙淤泥，是由泥沙沉积物长期在潮汐、径流等动力作用下形成的开阔岸线。生物海岸线的潮间带是由某种生物特别发育而形成的一种特殊海岸空间。生物海岸线多分布于低纬度的热带地区，主要有红树林海岸线、珊瑚礁海岸线、贝壳堤海岸线等。河口海岸线分布于河流入海口，是河流与海洋的分界线。

（6）海岸侵蚀

海岸侵蚀每年会带来大量损失，如暴风雨和洪水引发的破坏，因而带来房产损失、侵蚀预防支出及疏浚沟渠和维护海港费用。此外，侵蚀还会使生境发生改变甚至消失，并影响海岸娱乐活动等。设计和选址不合理的开发活动都会导致海岸侵蚀。海岸侵蚀不仅改变海岸物种的生境面积和状况，也会影响鱼类、贝类和其他生物的生存。淤积同样会引发不良后果，比如当海湾入口被填埋时，就会阻碍沿岸船只航行。气候变化将导致全球变暖，海平面随之上升，进而在全球范围内加剧海岸侵蚀程度。控制侵蚀的方法包括人工育滩、建造隔离壁或建造保护设施等。

（7）海洋表面温度

水温直接影响生活在该水域的植物（海草、沼泽植物和红树）和动物（微生物、较大的爬行动物、鱼、鸟和哺乳动物等）。此外，海水表面温度升高与珊瑚礁退化有密切关联，并且会增加有害藻类过度繁殖的频率或范围。

2. 海域功能的实现与缺失

海域功能是通过海域各组成部分的生态过程得以实现的。按照这些功能的作用，可以将其归纳为供给功能、调节功能、文化功能及支持功能。

供给功能是指从海洋生态系统中收获产品。调节功能是指从海洋生态系统的调节作用中获得的收益。海洋生态系统提供了气候调节、气体调节、废弃物处理、生物控制和干扰调节等功能。文化功能是指通过精神满足、发展认知、思考、消遣和体验美感而使人类从海域中获得的非物质收益，海域可以提供精神文化、休闲娱乐和教育科研三种文化功能。支持功能是指对应其他生态系统的必需的基础能力。

上述海域功能中，支持功能是供给功能、调节功能、文化功能的基础。它们之间的区别在于：支持功能对于人类的影响常常具有间接性，或者持续较长的时间，而其他功能对人类的影响常常是直接的，并且持续时间较短（MA，2005）。一方面，一项海域功能的减弱或丧失，将会影响到海域其他功能的服务质量或数量，并将进一步影响到海洋生态系统的服务能力；另一方面，海域功能减弱或丧失对人类社会经济的影响也是值得关注的问题。

总体来说，海域功能的实现与缺失，可直接或间接影响到人类的健康和生活质量，进而影响到人类社会的可持续发展。

三、海域自然资本的形成、维护与退化

和其他资本一样，海域自然资本的存量和流量都会随着时间发生各种变化。同时由于海域自然资本的特殊性，其形成、维护和退化过程都是一个复杂的、由多种因素共同作用的进程。海域功能实现的过程就是海域自然资本价值得到体现和发挥作用的过程。海域自然资本价值与其特性关系很大。

1. 海域自然资本的产生过程与实现途径

海域自然资本的产生和实现是建立在海洋生态系统自身的结构和功能基础之上，与其密切相关的要素包括海洋生物及其生存的海洋生态系统功能、海洋生理生态过程等。

海域自然资本的产生主要有两个途径。

途径 1：海洋生态系统生物组分和（或）系统整体直接产生某些生态系统服务。

海洋生物组分自身以及在系统层次上，海洋生态系统提供的多样化景观直接为人类提供休闲娱乐服务、精神文化功能、教育科研服务和生境服务。例如，海洋生物通过其

形状、外壳、颜色等为设计者提供灵感；点缀着五彩贝壳的海滩给人们提供休闲娱乐、亲近自然的场所；潮间带及浅海大型藻类、珊瑚礁、红树林等直接为各种海洋生物提供生境；甚至部分珊瑚礁岛直接被人类作为居住场所。

途径 2：在系统内，组分之间通过自身及相互的生理生态过程产生生态系统的特定功能，由这些功能产生出相应的生态系统服务。各种生理生态过程不直接产生服务。生态系统服务的变化能够反馈到海洋生态系统及其组分，进而影响到服务的持续产生。海洋生态系统服务的产生与系统的组分、具体的生理生态过程和系统的功能密不可分。一个服务可能对应着多个来源，一个组分、过程或功能可能产生多种服务。这说明海洋生态系统服务的提供是有弹性的。同时也意味着海洋生态系统服务受损后，需要较长一段时间才能表现出来。

2. 海域自然资本的形成和维护

海域是由生物的、物理的、化学的生态过程组成的复杂的动态系统。海域过程支持海域形成，是海域性质和海域自然资本的综合体。海域过程也形成了关键海域功能、促进生态平衡和维护自然资本。严格说来，这里所说的“支持过程”是不同的海域促进海域自然资本形成和海域功能工作的过程。随着时间的推移，支持过程逐渐促使海域性质形成和确保维护海域自然资本的动态平衡。然而，海域自然资本随着时间也可能会退化。

海域自然资本是海洋生态系统通过一定的生态过程提供的对人类生存和生活质量有贡献的产品和服务。分析支持海域自然资本的生态系统组分和生态过程，研究海域自然资本的形成机制及各类服务对人类福利的贡献，可为海域自然资本价值核算提供科学依据。

供给功能（见表 5-1）包括食品生产、原料供给和基因资源的形成及对人类福利的贡献。食品生产服务来源于人类通过捕捞或养殖获得的鱼、虾、贝、藻等海产品，该服务满足了人类对海产品的需求，提高了人类经济福利。对于原料供给，如人类利用部分不可食用的海洋鱼类生产鱼肝油、深海鱼油、鱼粉等；利用甲壳类生产畜禽饲料或添加剂等；利用海洋哺乳类提供的毛皮、脂肪作为生产原料；利用贝壳、鱼皮、珊瑚等作为装饰观赏材料；部分头足类具有药用价值，可作为医药原料等。原料供给服务为人类提供了社会发展所需的各种原料，提高了人类经济福利。基因资源是指各种海洋生物所携带的基因和基因信息。其中典型的例子是人类利用基因资源培育优质、高产、抗逆的养殖品种，进而增加海产品的产量和质量，提高了人类的经济福利。目前，人们对于海洋基因资源及其重要价值的认识仍然不够。

表 5-1 供给功能的形成及对人类福利的贡献

服务类型	支持生态系统服务的生态系统组分和生态过程	对人类福利的贡献
食品生产	鱼类、虾蟹类、贝类、头足类、藻类、其他类等	满足人类对海产品的需求，提高人类经济福利
原料供给	海洋哺乳类、鱼类、甲壳类、头足类等	为人类提供社会发展所需的各种原料，提高人类经济福利
提供基因资源	各种海洋生物	可通过养殖品种选育，提高产量和质量等方式提高人类经济福利

表 5-2 给出了调节功能的生态系统组分和生态过程，以及对人类福利的贡献。

表 5-2　调节功能的形成及对人类福利的贡献

服务类型	支持生态系统服务的生态系统组分和生态过程	对人类福利的贡献
气候调节	光合作用、钙化作用、生物泵作用	对大气中温室气体浓度的升高具有缓冲作用等，减缓了温室效应，提高人类健康方面的福利
气体调节	光合作用	释放氧气，调节空气质量，提高人类健康方面的福利
废弃物处理	生物转化、生物转移等	为人类处理了大量工业、生活废水、废气及固体废弃物，提高人类健康、安全方面的福利
生物控制	浮游动物、贝类等	通过对疾病和自然灾害的控制，增加人类健康、安全方面的福利
干扰调节	对各种环境波动的容纳、衰减和综合作用	降低自然灾害对人类的威胁，提高人类安全方面的福利

气候调节主要是通过各种藻类植物光合作用中对二氧化碳的吸收及一些海洋生物钙化过程中对碳的固定实现的，如贝类能直接吸收海水中的碳酸氢根形成碳酸钙贝壳。此外，海洋生物泵通过有机物生产、消费、传递、沉降和分解等一系列生物学过程将碳从海洋表层向深层转移。因此，生物泵作用也是支持气候调节功能的重要生态过程。

气体调节服务，主要来源于各种藻类植物的光合作用，光合作用释放了大量氧气，调节空气质量，提高了人类健康方面的福利。

废弃物处理服务，主要是通过生物转化和生物转移过程实现的。污染物进入海洋生物体后，在有关酶的催化作用下，由一种存在形态转变为另一种形态的过程称为生物转化。生物转移是指污染物在生物体内的转移，在食物链不同营养级之间的转移及在海洋空间上的转移。通过上述生态过程，污染物从有毒形态转化为无毒形态，从高污染浓度转化为低污染浓度。水质净化服务为人类处理了大量排海的工业和生活废水、废气及固体废弃物，提高了人类健康、安全方面的福利。

生物控制服务主要是通过浮游动物、贝类等生物对有毒藻类的摄食实现的，该服务通过对疾病和自然灾害的控制，增加人类健康、安全方面的福利。

干扰调节主要通过海洋生态系统对各种环境波动的容纳、衰减和综合作用实现的。例如，草滩、红树林和珊瑚礁等生态系统对风暴潮、台风等自然灾害有较强的削弱功能，能有效缓解风暴潮、台风对沿岸的侵蚀和破坏。因此，干扰调节可降低自然灾害对人类的威胁，提高人类安全方面的福利。

与其他三类服务不同，文化功能（见表 5-3）是海洋生态系统的整体表现，而不能具体到某一组分或生态过程。一些典型海洋生态系统，如红树林、珊瑚礁、海岛，由于其独特的景观和美学价值，吸引了大批游客，满足了人们在休闲娱乐方面的需求。同时，海洋独特的环境也为人们提供了影视剧创作、文学创作、教育、音乐创作的场所和灵感，有利于提高人类的文化福利。至于教育科研服务，主要是海洋生态系统的复杂性与多样性，吸引了研究兴趣，增加了对人类知识的贡献，提高了人类文化福利。而且，一些科学研究成果产业化后也能提高人类的经济福利。

初级生产是各种海洋植物及微生物利用光能、化学能的生产，它为海洋生态系统提供了物质和能量来源。营养元素循环，是通过光合作用、呼吸作用、分解作用、硝化作用等一系列生态过程实现的碳、氮、磷等的循环。海洋为生物提供重要的产卵场、越冬场和避难所等庇护场所，维护了物种多样性。海洋生态系统支持功能（见表 5-4）对于人类的影响是间接的，通过供给功能、调节功能和文化功能影响人类的经济福利和文化福利①。

表 5-3 文化功能的形成及对人类福利的贡献

服务类型	支持生态系统服务的生态系统组分和生态过程	对人类福利的贡献
休闲娱乐	红树林、珊瑚礁、海岛、海水等	满足人类的精神需求
精神文化	海洋生态系统、生物多样性	满足人类的精神需求，提高人类文化福利
教育科研	海洋生态系统的复杂性、多样性	满足人类的精神需求，提高人类文化福利；科技成果产业化，可提高经济福利

表 5-4 支持功能的形成及对人类福利的贡献

服务类型	支持生态系统服务的生态系统组分和生态过程	对人类福利的贡献
提供生境	承载作用等	通过其他三类服务影响人类的福利
场所及其他资源的初级生产	光合作用等	通过其他三类服务影响人类的福利
营养元素循环	光合作用、呼吸作用、分解作用、硝化作用、脱氮作用、钙化作用、沉积作用等	通过其他三类服务影响人类的福利
物种多样性维持	海洋生态系统	通过其他三类服务影响人类的福利

3. 海域自然资本的退化

对海域自然资本的退化过程和机理有必要进行认真研究，包括对海域功能退化进行识别和量化，因为海域自然资本的退化意味着海洋生态系统服务能力的下降，进而影响到人类福利。如果想阻止海域自然资本退化，就需要进一步研究生态系统服务功能的作用机理和价值变化。引起海洋生态系统退化的因素包括自然因素和人为因素。自然因素包括风暴潮、海冰、海啸、赤潮、全球变化和大气沉降等。例如，印度尼西亚和日本的近海生态系统所遭受的海啸破坏，影响了海洋生态系统的正常运行。人为因素是目前海洋生态系统退化的主要原因，包括海洋污染、围填海、海水养殖、外来物种入侵和过度捕捞等。另外，一些自然因素（如赤潮）和全球环境变化也是由于人类活动直接或间接引起的。除特大自然灾害外，在通常情况下，自然因素对生态系统的干扰是潜在的、缓慢的和低频的，而人为因素对生态系统的干扰是显著的、高频的和持续的。值得注意的是，虽然是同一种类型的生态系统退化，在不同的海域和不同的时期导致退化的原因是不同的。而且通常不是由某一种因素单独引起生态系统的退化，而是多种因素叠加在一起共同作用于生态系统引起的退化。

（1）过度捕捞

过度捕捞是指人类的捕鱼活动导致海洋中生存的某种鱼类种群不足以繁殖并补充种群数量。现代渔业捕获的海洋生物已经超过生态系统能够平衡弥补的数量，使海洋渔业生态系统乃至整个海洋生态系统退化。

① 郑伟，王宗灵，石洪华，等，2011. 典型人类活动对海洋生态系统服务影响评估与生态补偿研究[M]. 北京：海洋出版社.

过度捕捞直接导致某些渔业生物种群数量下降甚至物种灭绝，生物多样性减少，生物群落物种组成简单化。过度捕捞引起渔业生态系统营养结构的变化，渔业生物食物联系单一或中断，食物链和食物网结构脆弱，物质循环和能量流动效率降低。

（2）海水养殖

由于养殖规模扩大和因管理不善导致的无序、过度密集养殖，海水养殖已成为近岸海域生态系统退化的主要原因之一。海水养殖主要通过如下三条途径引起近岸海域生态系统的退化。

1）造成海洋污染引发生态系统退化。海水养殖引起的近岸海域污染可归纳为四个方面：来源于残饵、排泄物等营养物质的污染；来源于养殖药物的污染；来源于底泥的富集污染；生物污染。

2）造成生态破坏引发生态系统退化。生态系统是由生物性成分（即生物群落）和非生物性成分（即生境）组成的，海水养殖可通过直接影响生物群落和破坏生境，再间接影响生物群落方式造成生态破坏。自然生态系统有较高的物种多样性，通过物种间的关系以及与环境间的相互关系维持生态平衡，当人为加入某一高密度的养殖生物种群时，群落结构发生变化，物种组成趋于简单，整个生态系统处于极度不稳定的状态，必须靠人工调节来维持平衡。

3）造成生态景观破坏引发生态系统退化。海水养殖引起近岸生态景观破碎化，养殖池塘、盐田和车间的修建会对滨海湿地的地形地貌造成无可挽回的改变，使其失去原有的完整性和系统性。

第三节　海域自然资本和人类福祉

海域自然资本的弱化、退化和消失严重影响了人类的福利水平、发展初衷及发展目的，因此，海域自然资本的研究对于海域功能导向有着非常重要的意义。人类福利是基于人类的体验的，是人类价值的体现和表达。人类福利是人类物质、社会、心理和精神等方面得到满足的一种状态。人作为社会人，除了经济需求，还有社会需求。马斯洛（1943）将人类需求分为五个层次，即生理需求、安全需求、社交需求、尊重需求和自我实现需求（见图 5-1）。马斯洛认为，人们一般是按照这个层次序列来追求其需求和得到满足的。按照福利经济学的观点，人的经济需要可以通过经济因素来满足，而非经济需要只能通过非经济因素来满足。因此，社会福利就不仅仅是经济福利，还应包括非经济福利，如文化福利。本书研究的人类福利即广义的社会福利。MA（2005）首先指出借助马斯洛需求层次理论，生态系统服务和人类福利之间的关系亦分别为生理上的需求、安全上的需求、情感和归属的需求、尊重的需求和自我实现的需求。

虽然马斯洛的需求层次是一种简单的论述，但使人容易在两个不同的水平上理解生态系统服务与人类需要。如前所述，通过供给功能、调节功能、文化功能和支持功能，海洋生态系统向人类提供大量的福利。海洋生态系统服务价值是海洋生态系统为人类提供的各种产品和服务的效用，满足自我实现需求。

值得注意的是，海洋生态系统服务和人类需求并不总是一一对应的，海域自然资本的退化，降低了海洋生态系统的调节功能和支持功能，从而减少了人类福利。因此，在科学理解海域自然资本及功能的基础上，对其展开价值计量分析，促进海域合理利用和规划，形成正驱动力，对于人类的可持续发展和人类福利水平的提高至关重要。

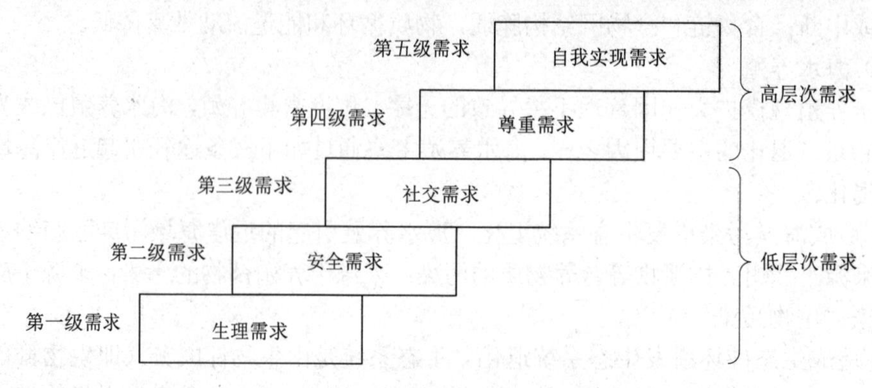

图 5-1 马斯洛需求层次理论

第六章

海域自然资本价值的核算

自然资本价值如何表达和实现，取决于人们使用和维护自然资本的方式及对存在的价值的认知。通过对海域自然资本价值的核算，用自然资本价值账户来全面展示海域在经济、美学、生态、文化等多个维度的自然资本价值，并从满足经济社会可持续发展的角度探讨自然资本价值表达与实现。

第一节　海域自然资本价值核算的原则与步骤

一、海域自然资本价值核算的基本原则

海域自然资本价值由其效用性、相对稀缺性及有效需求组成，而这些因素又经常处于变动之中，海域自然资本价值货币化计量必须要了解海域价值组成的各项因素及各因素之间的相互作用，并对此做细致分析以正确判断其变动趋向。因此，在探讨海域自然资本价值核算方法之前，首先要明确核算的基本原则，以此为基础，认真分析影响海域自然资本价值的因素，灵活运用各种核算方法，对海域自然资本价值做出最准确的判断。

1. 定量分析与定性分析相结合

海域自然资本价值具有影响因素多、成分复杂的特点，对于一些社会价值和生态服务价值很难实现严格的定量分析，不可避免地需要采取一些定性分析手段，但除此之外应尽量把定性的、经验的分析定量化，以定量分析为主。在定量分析中，应尽量构建一些数学模型，运用地理信息系统等技术，以加快工作速度、提高成果质量。

2. 综合分析与主导因素分析相结合

海域自然资本价值的大小受到经济发展水平、居民收入水平、海域生物生产能力、海域面积大小、海域的形状、海域类型的空间分布、区位条件等多种因素的影响。但在实际的操作中不可能对所有的因素同等对待，这样会因为因素过多、过细而增加资料获取和计量的难度；也不能随机抽取几个因素，这样会因所选因素缺乏代表性而导致核算结果失真。因此，在海域自然资本价值的核算过程中应尽可能将所有的影响因素都考虑到，通过对各因素的系统分析、相关性比较，找出影响海域价值的主导因素，通过对主导因素的分析最终确定海域的价值，使计量的过程既简捷又科学。

3. 宏观分析与微观分析相结合

分析海域自然资本价值时，必须将整个海域自然资本系统作为一个整体，从宏观的角度分析海域自然资本的环境压力、承载力及景观格局等因素。当然，整体离不开局部，作为海域自然资本组成元素的海洋自然资源单元，其性质、用途、成分及管理水平等因素直接决定着海洋自然资本功能的发挥与价值表现。因此，在海域自然资本价值测度中必须坚持宏观分析和微观分析相结合的原则，其中，对海域单元的微观分析是海域宏观分析的基础。

二、海域自然资本价值核算方法的分类

海域自然资本是维持全球生态系统平衡的重要支撑。对于健康的生态系统，要制定合理的海域利用和管理方案来努力维持并提高其服务能力；对于不合理的海域利用方式，要通过后续的各项规划进行调整，使其功能逐步得到发挥。

海域自然资本价值核算方法有物质计量法、能值计量法和经济计量法。

1. 物质计量法

在研究早期，由于生产力发展水平较低，人口相对较少，人们更多关注的是海域的生产能力，如石油产量、海洋渔业产量、海岸带土地的供给等，所以经常采用物质计量法来计算包括海域在内的各类自然生态系统、自然资源的功能和服务能力。采用物质量来反映生态系统的生产能力，可以较好地反映生态系统的结构、组成变化，以及生态系统的自我输出及可持续生产能力。但随着人们逐渐对支持功能和调节功能等非物质功能的关注，物质计量法的局限性越来越大，很难将海岸带防灾功能转化为一定的物质量来反映出该项功能的变迁。所以，此方法目前的应用范围相当有限。

2. 能值计量法

能值计量法由能值理论转化而来。能量的流动和转化是任何生命活动的基础，生态系统及其他系统都可作为能量系统，生物与环境、人类与自然生态系统之间的关系也可以用能量来表达。以能值为基准，我们可以衡量和比较生态系统中不同等级能量的真实价值和贡献。能值分析理论以能值为基准，整合分析系统的能值流、货币流、人口流和信息流，其优点在于能够定量分析资源环境与经济活动的真实价值及其中的关系，把自然系统、经济系统和社会系统进行统一比较，为衡量和比较各子系统能量提供了共同的标准。能值计量法就是以能值为计量基准，把生态系统中不同种类、不可比的各项服务功能所包含的能量转换成统一标准的能值，从而进行计量和评估。然而由于能值分析与能值计量过于专业，目前其应用范围仅限于专业研究领域。

3. 经济计量法

经济计量法也称为货币计量法，其来源于生态经济学理论，是用货币来表现自然资本对人类社会（特别是人类福利）的贡献。其理论基础在于承认自然生态系统服务是一种稀缺资源，同时对人类也是有用的。正是由于这两点，就可以用经济学手段来研究生

态系统服务能力的变迁，并将其数量货币化。由于货币计量的直观性，通过经济计量法可以很好地反映出自然资本的重要性和影响人类福利变化的过程。但是，对于自然资本货币化计量也存在一定的局限性。例如，对海域功能的识别有一个不断认识和发展的过程，有的功能现在价值小，但不代表将来也小。虽然其中任何一个功能都无法完全货币化，但是，对生态系统服务的货币化计量，还是可以很好地为决策的制定与修改服务，以判断海域功能的收益与损失。如图 6-1 分析了生态系统服务的能值评估与经济评估的区别。

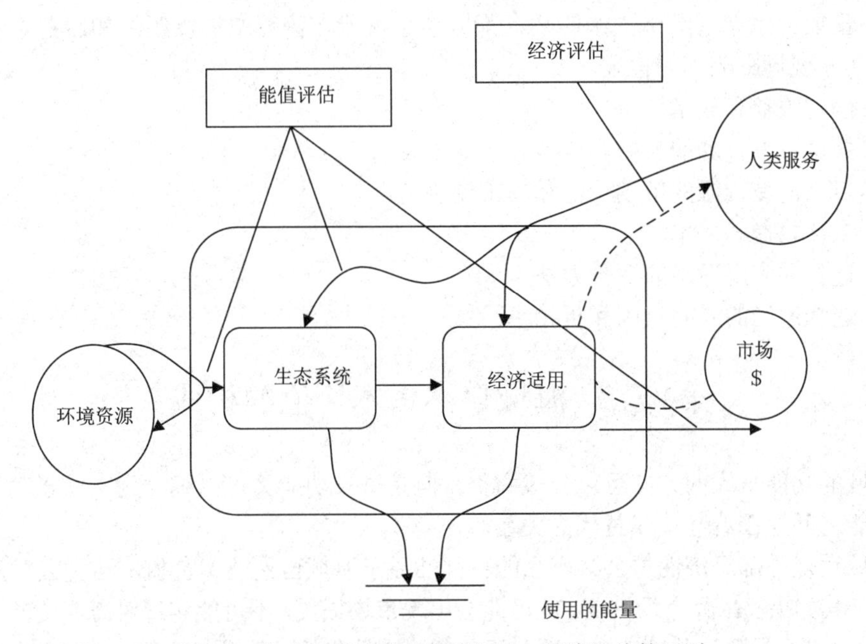

图 6-1　生态系统服务的能值评估与经济评估的区别

在以上三种主要评价方法中，可以根据对生态系统的评价目的选择合适的方法。如果要分析生态系统的稳定性和可持续性，物质计量法和能值计量法较合适。如果要评估生态修复、生态管理或生态工程，经济计量法可能更有效。因为经济计量法可以更好地表现出资源的稀缺性和效用，也更有利于进行成本效益分析，从而更好地服务于决策。

三、海域自然资本价值核算的过程与步骤

在现有国民经济核算体系中，对于人类使用海洋时产生的外部效应损益考虑甚少，甚至忽略而不加考虑，因此需要着重于全面经济价值的计量。

海域自然资本价值核算的具体步骤如下。

1）界定研究区域、范围和目的。主要是完成对区域资料的收集与整理，了解并掌握区域海域物理、化学、生物性质，以及海域利用结构与区域经济发展状况等，确定海岸带、海域自然资本和生境，确定其分布、面积和其他生物物理特征。

2）确定关键用途和功能及潜在用途，并列成清单。根据研究区域海域利用现状及发展需求，逐项识别研究区域海域自然资本组分、结构、过程及功能，并进行全面分析。

3）查清各种海岸带、海洋资源和生态环境现有产品和服务，要从具有市场交易的产品或服务入手。

4）确定从海岸带和海洋资源中衍生出的其他产品和服务（非市场价值），综述各种文献，其中包括早期和正在开展的研究。

5）各种不同的产品和服务按其分布位置（现场使用或非现场使用）和价值归类。把可以获得的数据信息组织起来，并确定数据信息的缺口，同时为其未来利用确定恰当的测度方法。

6）查清最明显、最容易测量的环境影响。例如，通过市场价格可以评估的生产力变化等。

7）重要的生态或经济次级影响，都应该尽可能在核算中加以组织和涵盖。评估这些影响（非现场影响）的程度。

8）确定收益和成本。

① 关注各种行动的收益和成本。

② 包括海域资源的市场价值和非市场价值。

9）量化收益和成本。

① 选择并应用适当的评价方法。

② 选择适当的时间范围和折扣率。

第二节　海域自然资本价值的构成

海域的功能从大的方向可以分成六类，但是每一功能又可以细分为一些子功能，这些子功能之间存在着互补或替代的关系。

海域功能外部经济性与公共产品的特征凸显了海域自然资本价值，这种公共产品特性决定了其如果仅依靠市场机制，就可能会出现市场失灵，不可能实现对海域资源的最优配置。这必然会导致这些功能在需要时不能得到充分供给，海域自然资本只有一小部分能够进入市场交易，大多数服务功能是公共产品或准公共产品，不可能在市场上交易，从而海域资源不能有效地进行配置。因此，和其他自然资本一样，海域自然资本既要考虑其商品产出的价值，又要考虑非商品产出的价值，即海域自然资本价值＝海域商品产出价值＋海域非商品产出价值，而海域功能尤其重要，在定义海域功能价值概念时必须加以考虑。

海域自然资本及其功能价值是由海域的不同功能所引致的、当前理论和科技能够度量或者能预见的经济、社会、生态、能源、文化等方面的总效用，包括可直接用货币度量的价值（直接价值）和较难用货币度量的价值（间接价值）以及相关的选择价值和存在价值。

一、直接价值

直接价值是直接或有计划地使用海洋生态系统服务的产品或服务的价值。主要指生态系统产品所产生的价值，包括矿产品、景观及娱乐等带来的直接价值。直接价值在概念和心理上容易被人们接受，直接价值可用产品的市场价格来估计。

二、间接价值

间接价值是指在支持和调节功能作用过程中产生的服务，与海域自然资本直接相关联，是指无法商品化的生态系统服务功能，如洪水调节、水分循环、固碳释氧等。间接价值没有可交易的市场，其价值计量比直接价值要困难得多，常常需要根据生态系统功能的类型来确定间接价值的计算方法，通常有防护费用法、恢复费用法、替代市场法等。

三、选择价值

选择价值又称期权价值，是人们为了现在和将来能直接利用与间接利用某种海域功能的支付意愿和选择。例如，人们为将来能利用生态系统的生物多样性、净化大气及娱乐等功能的支付意愿。人们常把选择价值喻为保险公司，即为确保将来能利用某种资源或效益而愿意支付的一笔保险金。选择价值又可分为三类：自己将来利用、子孙后代将来利用（又称为遗产价值）、别人将来利用（又称为替代消费）。

四、存在价值

存在价值亦称内在价值，是人们为确保生态系统服务功能能够继续存在的支付意愿。存在价值是生态系统本身具有的价值，是一种与人类利用无关的经济价值。存在价值是生态系统以天然的方式存在时表现出的价值，这种价值的受益者是从过去到未来的整个人类，是一种没有外部扰乱的情形下自然存在的价值。换句话说，即使人类不存在，存在价值仍然存在，如生态系统中的物种多样性与环境净化能力等。存在价值是介于经济价值与生态价值之间的一种过渡性价值，它可为经济学家和生态学家提供共同的价值观。

海域功能价值具体内容如图 6-2 所示。

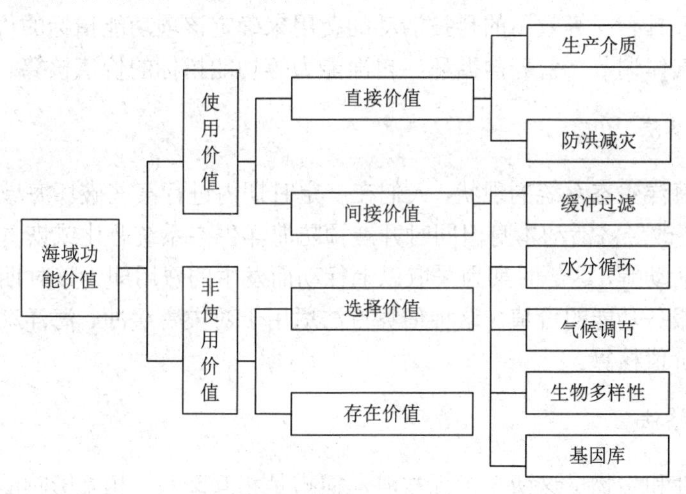

图 6-2　海域功能价值

这样，对海域的管理也会从传统的资源型管理转变为基于社会和区域的自然资本综合管理。要实现此目标，首先面临的最大挑战是需要了解和明确海域对人类提供了哪些类型的服务与功能，以及各项功能的表现特征与价值的计量方法。

第三节　海域自然资本价值核算的方法与模型

根据相关的经济学理论，只有研究对象的价值具有稀缺性、可测度性和可替代性，才能进入核算程序，进行计量。随着相关技术的不断发展和完善，海域自然资本的大部分价值是可以描述、测度和计量的，有些很难测度的指标利用机会成本法和影子工程法等后，也是可以计量的。因此，对海域自然资本不同价值进行货币化计量具有可行性。本书将在海域自然资本价值计量指标和计量方法选择的基础上，分析研究海域自然资本价值的计量方法。

一、海域自然资本价值核算的方法

海域自然属性除了可为人类提供使用价值外，还可为人类提供以下服务功能：气体调节、灾害缓冲、营养盐循环、自净能力、海洋动力、生物多样性、生物量、海底沉积、海洋地貌和娱乐文化。海域自然属性功能服务价值用公式表示为

$$C = f(u_1, u_2, u_3, \cdots, u_n) \tag{6-1}$$

式中，C——海域自然资本价值，它是气体调节、灾害缓冲、营养盐循环、自净能力、海洋动力、生物多样性、生物量、海底沉积、海洋地貌、娱乐文化效益的函数。

u——海域生产、供给、承载等不同功能。由于海域资源自然资本服务是无形的，通常没有交易市场，因此，其价值核算宜根据不同功能指标分别采用不同的测度方法。

1. 替代工程评价法

人类可以利用现有的科技手段来实现海洋生态系统所提供的某些服务功能，因此可以按照人类进行具有同等效用的科技活动的费用来确定该项功能指标的价值。这种估算方法适用于对气体调节、营养盐循环、自净能力等功能指标的价值核算。

2. 维护成本法

为不损害海洋生态系统的现状，人们在一定时期内进行某些破坏海域自然资本的经济活动时，不更改经济活动本身但同时开展预防海洋生态系统恶化或恢复良好的海洋生态系统现状的活动等，这一时期因采取以上行动而发生的费用即为该时期海域自然资本所具有的某项服务功能的价值。这种估算方法适用于对灾害缓冲、海洋动力、海底沉积等功能指标的价值核算。

3. 市场价格法

生物多样性和生物量这两个指标与海洋捕捞是相互联系、相互影响的。在没有破坏性外力影响的情况下，海洋生态系统自身能控制有害物种数量，维持海洋生态平衡，为海洋生物提供生存繁衍的条件。因此，这部分价值可以通过海洋捕捞的数量和质量来体现。一般来说，海洋生物具有比较成熟的市场价格，因此可以通过市场价格法来估算这部分价值。

4. 支付意愿法

海域资源功能服务价值实质上是一种存在价值，这种价值可以通过调查人们的支付意愿或接受意愿来计量，即调查人们为了避免某些能观察到的海域资源状态的变化

所愿意支付的货币数额。这种估算方法适用于对海洋地貌、娱乐文化等功能指标的价值核算。

5. 机会成本法

资源是有限的，选择了这种使用机会就会失去另一种使用机会，也就失去了后一种获得收益的机会，经济学上把失去机会方案能获得的最大收益称为机会成本。例如，海域养殖以后，其旅游观光价值就衰退或消失了。任何一种资源的使用，都存在许多相互排斥的待选方案，为了做出最优选择，必须找出使人类福利最大化的有效方案。机会成本法可用下式表示。

$$C_{\mathrm{k}} = \left|\max E_1, E_2, E_3, \cdots, E_i\right| \tag{6-2}$$

式中，C_{k}——k 方案的机会成本；

$E_1, E_2, E_3, \cdots, E_i$——$k$ 方案以外的其他方案的效益。

6. 影子工程法

影子工程法是通过可选方案计算受损服务的费用。这种方法力争使用必需品和服务的实际成本计量研究的资源价值。如建设同样功效的水库需要的费用。当生态系统的某种服务价值难以直接估算时，可以采用能够提供类似功能的替代工程或影子工程的价值来进行估算。影子工程法的数学表达式为

$$V = G = \sum_{i=1}^{n} X_i (\mathrm{i} = 1, 2, \cdots, n) \tag{6-3}$$

式中，V——生态系统服务价值；

G——替代工程的造价；

X_i——替代工程中 i 项目的建设费用。

影子工程法的优点是：通过这种技术将本来难以用货币表示的生态系统附加值用其“影子工程”来计量，将不可知转化为可知，将难转化为易。

7. 选择实验法

选择实验法是一种基于随机效用理论的非市场价值核算方法。随机效用理论以经济学理论和行为学理论为基础，随机效用模型的离散选择揭示了消费者效用，使消费者在具有不同的质量、数量、特性的备选方案中做出选择。消费者不是根据自己的偏好做出最佳选择，而是选择那个能提供最大效用的方案。随机效用理论认为个人有完美的鉴别能力，会做出最优选择。个人不得不对选项的特性做出交易决定。随机效用模型特别适合对特别的属性进行价值核算，如生态系统产品或服务的特性。

海域自然资本为人类提供了具有多种属性的复杂服务和功能。通常，生态系统的产品服务的总价值是不易被观察到的，因为它们并不在市场上交易。尽管如此，生态系统的每一个成分都有独特的影子价值。

除了以上介绍的方法，在资源环境价值核算领域常用的方法如表 6-1 所示。

表 6-1 资源环境价值核算常用方法

常规市场方法	替代市场方法	假想市场方法
市场价格法 生产率变动法 机会成本法	防护和恢复费用法 重置成本法 影子工程法 资产价值法	条件价值法 选择实验法 成本效益法

二、海域自然资本价值核算的模型

根据不同的测度方法，对每项功能指标做一个核算模型，然后据此计算功能指标价值，最后加总得到海域自然资本价值。根据现有研究成果和目前可获取资料情况，本书对营养盐循环、自净能力、生物量、气体调节四项功能指标进行了价值核算模型分析。

1. 营养盐循环价值核算模型与结果

海域中营养盐循环产生两个方面的效果，一是通过营养循环提供海洋生物所需要的养分；二是作为氮（N）、磷（P）等营养盐去除来自地表径流的 N、P 等营养盐。因为第一种效果的价值可在海洋生物量、生物多样性等其他功能指标价值中体现，为了避免重复计算，这里主要估算第二种效果的价值。用去除由海洋处理的含 P、N 等营养盐的成本替代海域中营养盐循环的功能价值，计算模型为

$$P_1 = X_N C_N + X_P C_P \quad (6\text{-}4)$$

式中，C_N、C_P——N、P 的去除成本；

X_N、X_P——单位面积海域 N、P 的容量。

2. 自净能力价值核算模型与结果

接纳和再循环由人类活动产生的废弃物是海域的重要功能之一。如果海域面积减少，就会影响海域纳潮量，从而减少海域环境容量。海洋容纳的污染物很多，包括化学需氧量（chemical oxygen demand，COD）、N、P 等，由于 N、P 的容量价值在营养循环中已有体现，为避免重复计算，这里主要估算 COD 环境容量的价值。假设单位面积的海域 COD 每年的环境容量是 X，COD 的处理成本是 C，则单位面积海域环境容量功能的价值核算模型为

$$P_2 = XC \quad (6\text{-}5)$$

3. 生物量价值评估模型

海洋每年产生的生物量的价值很大程度上可以由海洋捕捞承载力范围内的海产品产值来体现。由于海域自然资本中生态环境因素的退化会引起软体动物（主要是贝类）的繁殖与栖息地缩减，从而造成其他海洋生物生境的破坏，因此将贝类产品定为标准生物，根据海洋初级生产力与软体动物的转化关系、软体动物与贝类产品重量关系及贝类产品在市场上的销售价格、销售利润率等来建立海域生境功能的价值核算模型，即

$$P_3 = \frac{P_0 E}{\sigma} \delta P_S p_s \quad (6\text{-}6)$$

式中，P_0——单位面积海域的初级生产力；

E——初级生产力转化为软体动物的转化串；

σ——贝类重量与软体组织重量的比；

P_S——贝类产品平均市场价格；

p_s——贝类产品销售利润率；

δ——贝类产品混合含碳率。

4. 气体调节价值核算模型与测度

海域的气体调节功能是指海洋生态系统通过浮游植物（包括红树林）的光合作用吸收二氧化碳（CO_2）、释放氧气（O_2）及吸纳其他气体来维持空气的质量，并对气候调节（如温室效应）产生作用。海域的自然属性改变，红树林和浮游植物减少甚至完全消失，海域的气体调节功能就会受到破坏。

光合作用的公式为

$$6CO_2(264克)+12H_2O(108克)\rightarrow C_6H_{12}O_6(180克)+6O_2(192克) \tag{6-7}$$

式（6-7）中，产生的葡萄糖 180 克再转化为多糖（纤维素或淀粉）162 克，即每生产干物质 1 克，能固定二氧化碳 1.63 克、释放氧气 1.19 克。因此，通过这个公式可以得出单位面积一年固定 CO_2 和释放 O_2 总量，其中根据 CO_2 的分子量中碳元素含量可以进一步求出固碳的数量。因此，单位面积海域的气候调节功能价值的核算模型为

$$P_4=(1.63C_{CO_2}+1.19C_{O_2})X \tag{6-8}$$

式中，X——海域单位面积的红树林和浮游植物每年干物质的产量；

C_{CO_2}、C_{O_2}——固定 CO_2 释放 O_2 的成本。

海域自然资本价值核算的结果很重要，主要理由如下：使得政策制定者和决策者能够评估与具体资源（或整个生态系统）对社会和经济福祉的总体贡献相关的信息，同时突出了公众对资源利用方式及资源价值的认识，从而有助于提高环境保护意识、鼓励公众参与环境保护活动。

三、海域自然资本价值核算方法的选取

对于海域自然资本直接使用价值，可通过直接市场法将市场价格作为其经济价值；间接使用价值即以使用技术手段获得与海域自然资本功能实现相同的结果所需的生产费用为依据，间接核算海域自然资本的价值；而对于选择价值及存在价值，由于现行市场不够成熟，测度方法不够完善。在核算方法选择过程中，还应综合考虑数据的可获得性、研究时间长短及经费的局限性等因素。一般来说，采用市场价格法的争议最小，采用替代工程评价法的争议较大，采用支付意愿法的争议最大，计量方法应尽量使用市场价格法，行不通再考虑替代工程评价法，最后才考虑支付意愿法。

在对海域自然资本价值测度方法有了明确的了解后，就能根据海域自然资本的情况，对其价值测度方法进行有针对性的取舍和改善。

1）海域自然资本是一个复杂的生态系统，各项功能之间存在着相互依赖的关系，使海域自然资本功能的分类本身缺乏严格的标准，并存在着时间和空间上复杂的尺度转换。确定海域自然资本的分类、性质等情况，对海域自然资本价值进行核算，并对海域

自然资本进行科学的分类和分析，这是核算工作进行的基础。

2）对海域自然资本价值的测度方法反复对比分析。要选择适当的方法对海域自然资本价值进行核算，就必须熟悉各种测度方法的基本思路、适用范围、优缺点等。由于经济学计量方法本身存在一定的局限性，对于不同的研究对象和研究目标需要选取不同的测度方法，每一种服务或功能通常可以有几种不同的测度方法，核算结果在很大程度上依赖于所选择的方法。

3）针对要核算的各种海域自然资本，选择测度方法。根据不同海域自然资本的特征，结合测度方法的适用条件及范围，选择出一种或几种方法，再根据相关信息和条件，确定最恰当的方法。在确定测度方法后，结合实际情况需要对这些适用的方法进行优先性排序，最终确定最恰当的价值核算方法。

值得一提的是，所选择的只是理论上的最恰当的核算方法，其必要性和有效性还存在很多争议。因此仍需要对最后确定的方法在实践中深入研究，使海域自然资本价值核算的结果更加客观、可信，为政策制定和决策提供有效支撑。

第四节　自然资本价值账户的构建

“价值”是一个模糊而且支系庞杂的概念，人们通常认为什么东西“有价值”，就意味着承认该事物具有好的、积极的一面，这种对“好”的理解或针对事物本身或针对人类和其他客体，或精神上的或物质上的，或当前的或未来的，等等不胜枚举。一般的个人和社会行为实质上也是在实现某些价值或让某些价值为人们所受益，例如，开发潮汐能就是让自然资源的存在价值转变为作为能源的使用价值及进一步的经济价值。

一、自然资本账户

自然资本是我们社会赖以生存的基础，为我们提供了数不清的服务，使得我们每天都从中受益。有些是直接服务且容易识别；有些则是间接服务，我们一般都注意不到；唯有当这些服务缺失时，我们才会有所察觉。

自然资本需要在不同的经济结果之间进行权衡取舍。资本的概念是一种使自然价值嵌入经济体系的方法。通过权衡，我们可以给自然确定一个价格，但这个价格不会是无穷大的。因为自然的效用定价和估值是一种非常不完善、有很大局限性的尝试，同时面临很多问题。问题的核心不是某种资源是否有价值，而是这种资源究竟值得花多少经费去保护和改善它。如果自然资源都是无价的，那么我们就无法清晰区分哪些资源更重要。

将环境看成是自然资本组成部分，而自然资本是人造资本和人力资本并列的资本类型，自然资本就能够融入经济的脉络，而不再是经济的附加物。经济生产过程就是将自然资本、其他形式的资本和劳动相结合，去生产我们需要的产品。自然就成为生产我们需要的消费品、健康服务和休闲服务的投入品。

一旦自然被认作由一系列的资本组成，它就能通过经济学计算而被定价。定价的资产是值得资本追逐的，而这正是目前我们所欠缺的。通过将自然资本放入经济学的等式中，即使我们面临着自己引起严重的自然破坏和污染，我们也能够创造一个不一样的未来。

对自然资本进行核算和测度，通过自然资本账户来反映自然资本的时空变迁。自然资本账户提供了一个标准化框架，以确定、衡量并测算一个区域对自然资本的影响和依赖，理解与陆地海洋价值相关的风险和机会。

海域能够提供并支持一系列对社会和地球系统性能至关重要的功能。一个关键的挑战就是要确定并说明“海域变化”及其对生态系统服务贡献或影响。那么，其中的一种方法就是更好地考虑海域资源的使用及变化情况，然后考虑这种变化如何影响其他资源。

不同的区域其自然资本储量不一，价值的结构与形式不同，区域人群对价值的理解和需求也不尽相同。尽管单位面积海域为人类可提供的功能服务价值差异可能不大，但海域使用过程中，不同用海对海域自然资本的改变程度是完全不同的，有的用海影响严重，有的可能基本没有影响，因此，不同用海对海域自然资本功能价值的损失也不同，如填海造地用海，完全改变了自然形态。

二、经济效果权衡

越来越多的决策者被要求提供有关环境的政策经济影响的有关信息，比如对于空间结构影响的信息。在经济信息的需求不断增长的背后，是自然资本价值的识别，即影响人类利益的自然系统的产出，自然资本价值可能会在有组织的市场内外被识别。或许在大多数的情况下，单独分析市场数据并不能全面评价自然资本价值。另外，鼓励更多市场行为或经济增长，并以减少自然资本损耗为代价的政策，可能无法增加预计的公共利益。公共利益包含了复杂的人与自然的互动。当方法应用和解释都适当的情况下，经济学提供了许多具有一致性和可靠的分析框架，能帮助决策者理解经济效果在市场内外如何相互作用以及如何关系到人类福利。

经济分析工具可以预测政策选项对于个体、群体或者整个社会的影响。这些工具部分适用于量化权衡。比如，平衡各个群体的收益和损失。当效益或者成本不明显或者体现在有组织的市场以往的情况下，使用这些工具预测不同经济效果对决策者而言是比较有用的。

在进行或解释经济分析时意识到效率和公平之间的区别是非常重要的。各个群体实现的最大净利润都与效率相关。对于所有受影响的人来说，在所有可选项中，越有效率的政策创造的总效益就越大。效率并不意味着所有的群体效益都会比以前更好，只是说明所有群体的综合效益大于累计成本。成本效益分析是用来衡量累计效益，以此推动有效率的政策，或者是实现群体累计效益最大化。决策者可能也会考虑对公平性的影响，或者对不同群体间净效益分配的影响。虽然这通常不是成本效益分析所关注的焦点，但这个框架和方法能够回答有关不同群体间成本效益分配的问题。识别不同的利益相关者群体，可能得到不同效益类型。例如，成本效益分析可用于量化不同群体效益的分配，当自然资本价值核算基于生态系统的管理政策时成本效益分析的这个功能就可以发挥作用，因为政策往往有许多不同的群体。

三、海域自然资本价值成本效益分析

在海域资源价值计算中，需要根据不同用海特征，对其海域自然资本功能价值损耗进行核算和测度。对于决策者或者利益相关者分析，常见的或者普遍接受的是成本效益分析方法。决策，尤其是包含基于生态系统管理的决策会产生较为广泛的经济效果，包括可见市场行为的变化及经济成本和效益的变化。为了评价不同类型的经济政策的结果，经济学家开发了众多框架来衡量和解释明确的经济效益和成本，还有些框架则用来构建经济活动指标。然而在某些情况下，所谓量化经济效果的方法已经和经济学几乎没有关系，包括基于热力学原理和能量转移的评价方法，但这些方法没有在人的价值、偏好或福利之间构建起量化关系。

经济效益和成本并不是与货币补偿或者其他货币流动必然相关的，认识到这一点也很重要。经济活动和支付的增长并不总是会带来经济效益，并可能创造隐藏的经济成本。另外，在没有基于市场的经济行为或货币支付的情况下，个体也能够感觉到现实经济效益和成本的变化。例如，休闲渔业或滨海旅游能够提供非市场效益。因此，很多情况下，适当的经济效益和成本核算不仅仅依赖于货币流动或者市场活动的测度。

单独地测算市场活动会产生误导性的推论，例如，营养物质的减少改善了休闲海滩和贝类栖息地的水质。这些改善可能导致了市场行为或者货币流动的消极变化，但是确实给当地海滩的使用者带来了益处。相反，卡特里娜飓风这样的灾害可能产生大量的经济活动，如重建破坏的建筑和设施，但是社会的损失更多。区域收入、就业、生产等普通经济测度看似简单，却不能识别公共政策长期最佳效益。

自然资本价值如何表达和实现，取决于人们使用和维护自然资本的方式及对存在的价值的认知。对自然资本经济、美学、生态、文化、情感等多个范畴内的价值项进行了测度，在证明这些价值存在性的基础上，探讨了人们所理解的价值重要性程度以及相关环境偏好等内容。

构建一个价值账户来全面展示自然资本的价值、相互间关系，以及环境决策中可能存在的价值冲突等，并从满足公众价值需求的角度探讨自然资本价值表达与实现的问题，论证协商作为一种重要的决策机制对于弱化价值冲突具有重要作用。

第七章

海域自然资本的时空权衡与管理

海域自然资本价值时空权衡与管理是为了辅助决策，只有在决策过程中详细把握好各种生态系统服务类型之间的相互关系，才能使最终的决策结果有效地实现人类福祉与自然环境持续供给和保护的协调发展。为决策过程中涉及的决策者、利益相关者、受益者等相关方提供研究海域生态系统服务不同空间格局及自然资本时空演变情景，使得决策者能借助这些可能的变化情景，权衡利弊，最终制定出符合本区域需求的可持续的自然资源利用策略。

第一节　生态系统服务的空间权衡及其原因

一、生态系统服务权衡的内涵

生态系统各服务之间是相互联系、相互影响的复杂整体，一种生态系统服务并不是独立存在的，而是与其他服务有着密切的联系，是非线性的。生态系统变化具有双面性，一种服务价值量的变化会造成另一种服务的增加或减少，研究生态系统服务之间复杂的多边关系对于人类福祉具有重要的现实意义。

从语义上来直观理解，“生态系统服务权衡”一词既可以指生态系统服务供给此消彼长的权衡关系，强调生态系统服务消费取舍的权衡行为，也能够天然地将关系认知与行为决策结合在一起。

生态系统服务权衡作为一种平衡和抉择，可以理解为对生态系统服务间关系的一种综合把握。生态系统服务间的关系包含权衡（负向关系）、协同（正向关系）和兼容（无显著关系）等多个表现类型。生态系统服务权衡可分为三个轴向：空间尺度、时间尺度和可逆性。空间尺度是指权衡的影响范围大小；时间尺度是指权衡的影响时间长短；可逆性是指在可逆性恢复和不可逆性变化之间找到平衡点。

权衡是指某些类型生态系统服务的供给受到其他类型生态系统服务消费增加而减少的情况，普遍存在于支持服务与调节服务之间；协同是指两种及两种以上的生态系统服务的供给同时增加或减少的状况，主要表现在支持服务与文化服务及调节服务与文化服务之间；兼容则指生态系统服务间不存在明显的作用关系。生态系统服务间的此消彼长与生态系统服务种类的多样性、空间分布的不均衡性及人类使用的选择性均有关。为了减少权衡作用的负面效应，在决策前对生态系统服务进行权衡分析十分必要。协同作用是实现生态系统服务利益最大化的内在途径，也是人类社会发展的最终目标；而现实中由于权衡作用的存在，人们往往在内心真实需求和利益驱使的双重作用下，面临生态系统服务供给选择上的取舍。

生态系统服务权衡产生于人类对生态系统服务的选择偏好，即强调特定类型生态系统服务的消费极大化，又有意或无意地削弱其他类型生态系统服务的供给。不同生态系统服务间相互关系必须在某种人为因素的驱动下发生单向（生态系统服务A变化影响B）或双向（生态系统服务A变化影响B；B反过来也会影响A）的权衡或协同关系。根据马斯洛的需求层次模型，在权衡决策时，人们常倾向于关注供给服务、调节服务，其次才是文化服务和支持服务。随着资源限制的日益突出，在过去一个世纪里，供给服务的增加已经降低了调节服务、文化服务及生物多样性。这种选择偏好主要是基于对经济效益的强烈追求，忽略了生态、社会效益，偏离了总体效益最大化这一资源管理决策的初衷。缓和生态系统服务之间的权衡关系、提升人类福祉成为生态系统服务权衡研究的最终目标。

二、生态系统服务权衡的类型

从概念理解、定量表达到机理解析、决策实现的不同视角出发，可以对生态系统服务权衡做以下分类。

1）从权衡的关键因素出发，生态系统服务权衡可从空间权衡、时间权衡和可逆权衡三个维度进行解读。其中，空间权衡指一个区域生态系统服务消费对于另一个区域的影响；时间权衡指短期的生态系统服务消费对于长期生态系统服务供给或消费的影响；可逆权衡尽管也探讨生态系统服务在时间上的动态变化，但更强调被破坏的生态系统服务的可恢复性。生态系统服务关注的是其在不同时间和空间尺度上的关联性和恢复弹性，依次强调生态系统服务在不同空间上的流动性、时间上的动态性、恢复力的大小。其中，对权衡时空尺度的理解是认知生态系统服务权衡的基本内容，而可逆性的提出则直接对接生态系统管理决策。

2）根据二维坐标系中两种生态系统服务变化的曲线特征，权衡关系可划分为无相互关联权衡、直接权衡、凸权衡、凹权衡、非单调凹权衡及反S形权衡六种类型。二维曲线的直观分类，让生态系统服务间的抽象关系得以定量表征，研究者能够从曲线特征中大体把握生态系统服务的变化，为后续生态系统服务管理提供有力的决策支撑。

3）从作用方向及驱动机制来看，生态系统服务间的影响可以划分为单向或者双向，两种生态系统服务间权衡或协同关系的产生可能源于共同影响因素的间接驱动，也可能是生态系统服务之间直接的相互作用。该分类体系刻画了不同生态系统服务相互作用的过程和方式，能够加深对多重生态系统服务作用关系及其背后驱动机制的理解。但是由于一些间接驱动作用往往不易度量，因而单双向的分类往往适用于处理各项生态系统服务形成机理均已明确的权衡关系。

三、生态系统服务权衡和协同研究

一般而言，生态系统服务间的权衡关系是指以削弱若干种生态系统服务的输出为代价换取某种或某些特定生态系统服务的提高。生态系统服务间的协同关系指两种以上生态系统服务同时增强，即人类通过特定的管理方式使得某种或某些生态系统服务得到提高的同时也对其他若干种生态系统服务有促进作用，这是生态系统管理的理想追求。生态系统内的多种生态过程产生了丰富的生态系统服务功能，生态系统是大小不一、有明显地域特点和明确边界的实体，内部包含的生态学信息复杂，层级结构明显。

1. 权衡与协同关系的形成原因

生态系统服务间的权衡源于人类在管理和利用生态系统服务时，忽略了生态系统服务间的相互作用关系。自然因素主要包括生态系统的地域分异、内部组成、结构及其生态过程等；产生不同类别生态系统服务的生态过程相互交叉，如生态系统在削弱土壤侵蚀的过程中，同时可能会伴随着调节径流等生态系统服务的产生。人为因素包括人类对生态系统服务的需求、管理和利用方式等，如人类对自然资源利用和管理最直接的体现就是土地利用与覆被变化。在解释生态系统服务间的权衡与协同关系时，还无法将自然因素与人为因素剥离，但在不同地区两种因素的解释有先后或强弱。

2. 生态系统服务权衡与协同研究方法

生态系统服务权衡与协同研究方法从简单的极值分析法、阈值分析法、相关分析法、图形表示法到目前的模型模拟法和情景分析法，经历了由定性到定量、简单到复杂的发展历程。这些权衡方法形式上表现不同，但实质一致，均以实现某区域不同生态系统服务总值最大化为最终目的。

目前，运用较多的有模型模拟法、情景分析法和图形表示法，模型模拟法和情景分析法常结合使用，朝着日益综合的方向发展。模型模拟法是指通过机理或统计模型计算出不同生态系统服务的物理量，然后进行权衡和协同分析，最后通过多目标优化等方法，提出满足目标要求的规划方案。情景分析法是指通过制定某一特定的情景，如生态保护情景、社会经济发展情景或兼顾生态保护和经济发展的情景，分析在这一特定情景下不同生态系统服务之间的相互关系来权衡最优情景发展模式，是权衡生态系统服务相互关系最常用的一种方法。图形表示法是指借助 ArcGIS 平台，对每个生态系统服务类型进行量化制图，通过其空间分布情况识别权衡与协同类型及区域，或是符合权衡与协同原理的某种图形表示法。

第二节　生态系统服务权衡的认知

厘定生态系统服务的权衡关系是自然资本管理的基本前提。通过不同尺度认知生态系统服务之间的多重非线性关联、权衡关系的特征及其驱动机制，从而切实解决生态系统服务管理过程中的诸多矛盾，实现不同时空尺度生态系统服务可持续供给。

一、生态系统服务权衡关系的尺度效应

权衡关系来源于生态系统服务管理决策选择，背后的经济获利与不同利益群体息息相关，而不同利益群体对于生态系统服务的优先级也会随着时间的变化做出相应的调整。时间尺度上的生态系统服务权衡与代际之间生态系统服务享用的公平性紧密相关。生态系统服务的尺度关联使得生态系统服务的权衡关系在不同时空尺度的表现不尽相同，即

使同一对生态系统服务在不同区域、不同研究尺度上的权衡关系也会存在很大差异。此外，虽然空间尺度一致，但在不同时间尺度的权衡表现却不一致。因此，在多个尺度上全面探讨生态系统服务的权衡关系，才能系统了解权衡关系形成的内在机制。

生态系统服务之间的权衡关系具有空间异质性和时间动态性，且随着时空尺度的推移发生改变。权衡关系的尺度依赖性源于生态系统服务供给与消费过程中的尺度关联。生态系统服务的形成与供给所涵盖的时空尺度不尽相同。例如，食品、原材料等有形商品可满足和维持人类物质需要的供给服务，各种藻类植物的光合作用等部分调节服务主要在局地尺度发挥作用，而气候调节、营养元素循环等更多的调节、支持服务则在大范围内服务于整个地球生命系统。不同空间尺度的利益群体对生态系统服务的认知和需求各有侧重，基于此的管理决策进一步加剧了生态系统服务之间权衡关系的变化。一般而言，局地居民更关注食物供给、美学欣赏等能直接享用的初级服务价值，而区域、国家甚至全球尺度的决策者从更高层次的视野角度强调水源涵养、气候调节等与全社会福祉长期相关的生态系统服务。因此，在决策时需要综合考虑不同利益相关者的偏好，权衡服务的侧重点和优先级，以实现整体生态系统服务效益的最大化。生态系统服务跨尺度的空间流动进一步突破了服务权衡的空间范畴，建立起供给区和受益区的时空关联，一方面依据不同区域对于同一生态系统服务的需求程度开展宏观调控实现区域资源共享，另一方面也承受着调配区域多重生态系统服务权衡的压力。

二、生态系统服务权衡关系的识别

在空间上划分不同的生态系统服务组合类型，不仅在分析相关联的不同生态系统服务时能够避免出现重复计算，而且也使海域利用与多种生态系统服务间的关联分析成为可能。

生态系统服务权衡关系的研究主要依赖空间制图和统计分析。空间制图能够获取生态系统服务间的关系类型及区域范围，常用方法包括叠置分析和生态系统服务簇分析等。以空间制图的方式呈现生态系统服务的评估结果，可以更有效地展示生态系统服务权衡的空间分异特征。生态系统服务供给制图对生态系统生产产品与提供服务的能力进行空间可视化，需求制图则代表着人类对生态系统产品和服务的消费与使用，两者共同作为权衡决策初始阶段生态系统服务综合评估的制图基础。通过生态系统服务供给与需求均衡分析度量生态系统服务赤字或盈余，可以为生态系统服务管理决策者提供权衡利弊的依据。叠置分析大多借助于 GIS 工具进行不同生态系统服务供给的空间叠置，识别多重生态系统服务供给区，并在决策权衡阶段进一步将生态系统服务供给与需求的制图结果进行叠加运算，最终生成区域供需均衡状况图，明晰服务盈余状况的空间格局。生态系统服务簇分析则通过综合利用主成分分析、空间自相关和聚类分析等方法对生态系统服务权衡关系进行研究。

生态系统服务权衡研究中常用的统计分析包括相关分析和局部统计分析。其中，相关分析通过观察两种生态系统服务间相关系数的绝对值大小及正负方向，来判断服务间是否存在依存关系，并探讨相关性的程度和方向。局部统计分析用于识别生态系统服务供需的重点区域，如利用空间自相关方法辨识同时具有多项高水平生态系统服务供给热点区或冷点区，在此基础上绘制多重生态系统服务供给的空间分布图。

三、生态系统服务权衡关系的表达

生态系统服务研究的最终目的是辅助决策者更好地制定出生态保护规划与管理，以促进人类社会与自然环境的共同可持续发展。在制定决策时，决策者需要对生态系统服务产品的商品化、存储与流动以及提供给市场中交易参与者的生态系统服务商品的数量与变化进行精确的测度。所以就需要为决策者提供揭示决策区域生态系统服务状态综合特征的直观可视化的、定量的、空间位置信息具体的评价结果。地图是依据一定的数学法则，使用制图语言，通过制图综合，在一定的载体上，表达各种事物的空间分布、时间联系中的发展变化状态的图形。地图的这些特征使得它成为一个强有力的工具去综合复杂的多源数据，从而能详细地刻画生态系统服务的时空分布及其相互关系，更好地支持环境资源管理决策和景观规划。加之如今 GIS 科学的飞速发展，高效的制图过程极大地满足了这种决策需求，进而催生和带动了生态系统服务制图研究的快速发展。生态系统服务制图是将生态过程与生态系统服务联系以及将其理论应用于实践的有力工具与关键环节，是生态系统服务评估新的研究方向。

生态系统服务权衡是指人类为增加对某一类型生态系统服务的获取，同时导致另一些类型生态系统服务随之减少的情形。生态系统服务权衡可划分为空间维度上的权衡、时间维度上的权衡，以及可逆性与不可逆性之间的权衡。分析生态系统服务权衡常用的研究方法有模型模拟、生态系统服务空间制图比较及情景分析。其中，情景分析是生态系统服务权衡研究最常用的分析方法，通过设定区域社会经济发展与生态环境保护多种发展情景，分析多种生态系统服务之间的变化特征。生态系统服务制图比较分析法主要是通过对各类生态系统服务进行空间制图，再利用 GIS 空间叠加分析手段，分析不同类型生态系统服务空间变化的相关性，从而识别出权衡的类型与空间分布。

为进行区域生态系统服务权衡研究，首先需要对区域各项生态系统服务类型进行制图。生态系统服务制图是指根据决策需求，选择合适的制图评价方法，对特定时空尺度上生态系统服务的空间分布进行量化描述的过程。生态系统服务制图是生态系统服务的综合评估，其作用主要体现在决策制定过程的初期，通过对收集的自然-社会综合特征数据（包括气象气候、区位地形、遥感、地理、海域利用及统计数据等）进行综合分析，建立符合区域实际及决策需求的生态系统服务制图模型，然后通过制图综合，将最终分析得出的该区域生态系统服务综合特征地图提供给不同决策阶段的参与者，使决策者权衡利弊，最终制定出切实有效有益的决策规划。

第三节　生态系统服务权衡决策

在生态系统服务权衡认知的基础上，对生态系统、景观管理进行科学决策，是保障区域可持续发展的有力支撑。

一、生态系统服务权衡决策的框架

生态系统服务权衡决策的最终目标是提高人类福祉。千年生态系统评估将人类福祉概括为五个方面的内容：维持高质量生活所需要的物质、健康、良好的社会关系、安全、自由权和选择权。生态系统通过人为或者自然的过程提供多样的服务，继而经由消费满足人类的需求，从而转化为人类福祉。为了全面考虑不同群体的福祉需求，人们需要权衡多种生态系统服务之间的关系，以实现整体惠益的最大化。由于生态系统服务惠益对福祉的贡献具有边际递减效应，福祉程度的高低取决于惠益在不同需求层次上的分布状况，或需求的满足程度。当不同层次的人类福祉存在权衡关系时，以福祉的多层次耦合为最终评判标准。

二、生态系统服务权衡决策的方法

针对特定区域复杂的生态系统服务进行权衡关系科学管理是权衡研究的最终目的。在权衡决策概念框架的基础上，可以进一步借助情景分析、多目标分析、空间制图等手段，将权衡结果应用到生态系统服务的集成管理与优化决策之中。

1. 情景分析

自然生态系统是一种具有多稳态机制、自适应的非线性复杂系统，其发展和演化往往难以精准预测。情景分析针对影响系统的关键因素，通过制定若干生态保护或社会经济发展优先或两者兼顾的未来情景，分析多种生态系统服务的时空动态变化，是目前权衡关系研究最为常见的一种方法。具体而言，情景分析不仅能够判断何种情形下能取得特定生态系统服务最大化，而且可用来揭示不同时空尺度上生态系统服务权衡关系的潜在差异，从而辅助决策者清楚地选择管理措施。情景的选取需要结合当地实际情况，同时加入研究者的建议方案，设置不同参照情景，对比分析每一类情景下生态系统服务间的权衡关系，以生态系统服务惠益最大化为目的，为管理者提供决策依据。

2. 多目标分析

多目标分析法适用于多重用途且影响因子复杂的系统分析，能够综合考虑多种利益相关群体的选择偏好，兼顾多种生态系统服务的供给，抑制和降低消极影响，从而实现生态系统服务惠益的整体最优。该方法在进行权重的设定、因素的选取时需要利益相关方的共同参与，这些在保障决策主体参与、提高决策依据的同时，也对结果的不确定性产生了影响。多目标分析作为生态系统服务评估与海域利用决策之间的桥梁，能够兼顾多个利益群体的意愿和需求，避免顾此失彼的决策后果，是生态系统服务优化管理的有效途径。

3. 空间制图

由于人类社会的快速发展给所依赖的自然环境带来了巨大的压力，为了人类-自然系统的可持续发展，我们亟须将生态系统服务纳入区域的决策制定过程。在决策制定时，由于最终决策者需要综合决策过程中的各方利益相关者的意见，对他们提出的这些可能的初步规划管理目标进行可靠的评估，加之这些规划目标的制定需要决策参与者们对当地生态系统服务综合状况有着相当熟悉的了解，这时就需要对当地生态系统服务的供给与需求的种类、变化、数量、分布、相互关系及其不同决策情景下的这种综合特征的变化进行详细的制图分析。

生态系统服务制图研究不仅对生态系统服务的供给与需求在不同时空尺度上的变化特征进行量化制图描述，还必须对人类影响下的生态系统服务各类型之间的相互关系进行很好的制图表达。由于人们对生态系统服务需求偏好的影响，人们在消费某一种或某几种生态系统服务时，有意识或无意识地对其他生态系统服务的提供产生了影响，从而产生了生态系统服务的权衡与协同问题。

三、基于海域功能和价值的权衡理论框架

一个健康的海域生态系统不仅具有结构上的完整性，还必须实现功能上的连续性。海域利用系统和其他生态系统一样具有调节功能、生境功能、生产功能、信息功能和载体功能。各功能间是统一的、不可分割的整体，它们互相关联，在一定条件下还可以相互促进。海域利用的格局及其变化本质表现为自然生态系统、社会经济系统相互作用、相互影响、协同发展演变的作用过程，是区域人地关系演进的最本质的体现，它们之间是一种互动互馈关系。

海域用途的多宜性要求人们对其用途要权衡结构和比例，对海域利用方案的制定，一要根据生态系统所提供的商品和服务的范围分析其功能（调节、生境、生产、信息和载体功能）；二要进行功能价值评估，包括生态、社会文化和经济价值评价；三要进行冲突分析，分析和评估生态系统在不同尺度的功能、价值水平，并在利益相关者和决策者的意愿和偏好之间作出权衡，提出可持续利用的景观和“自然资本”的规划与管理方法。

海域利用效益是人类开发利用海域所取得的收益，主要包括海域利用社会效益、经济效益和生态效益，也是海域利用活动所取得的成果，成果的高低与海域的投入和产出有关。海域利用的社会效益是指对社会需求的满足程度及其产生的相应的社会影响。经济效益是指海域利用带来的经济成果，即在海域利用过程中投入的劳动消耗（包括物化劳动和活劳动）及其物质产出（符合社会需求的新产品量）或价值量。生态效益是指海域利用活动对生态过程的影响和改善程度，以及对区域生态平衡维持的贡献。海域利用的决策往往在满足人类需要的社会经济价值和生态系统价值之间平衡取舍，且在相关政策和制度的作用下，牺牲一定的社会经济价值，往往能使生态环境价值得到提高，综合价值也会随之发生变化。海域利用系统是由多个竞争要素组成的复杂系统，其发展变化的过程正是各要素之间相互竞争的过程，海域利用系统的竞争要素包括海域功能（效益）、尺度、响应性和协调度。功能（效益）主要指海域生态系统的社会-经济-生态价值或效益；尺度表现为时间和空间两个方面；响应性是指生态系统能快速、低成本地从提供一种产品/服务转换为提供另一种产品/服务的能力；协调度则指海域利用的整体效果。在海域利用过程中，如果存在潜在冲突要素时，如在区域海域面积和总量一定的情况下，海域利用与保护、海域投入与产出之间总是存在冲突，这就要求人们在利用海域时不得不做出选择，但这种权衡是基于有冲突存在的要素竞争维度上的权衡，是通常我们认为的某时间点上管理者必须着重挑选的竞争要素，且该要素的增加是以其他要素的减少或降低为代价的权衡，是某一时间点上的静态权衡。

海域资源的规划管理过程，实质上是对区域所占有的海域资源利用效益与预期所达到的海域管理绩效目标之间的协调过程，是海域资源各竞争要素效益与功能在一定的时

间尺度范围内的动态权衡关系的响应，是反映某一时点静态的海域利用效益，体现竞争集群内短期的竞争优势的集合。然而，海域利用系统的竞争要素预期要在功能、尺度、响应性中的任一个维度获得或保持长期竞争优势，就必须获得持续的竞争能力，必须把竞争要素间的静态权衡变为动态的权衡关系；一个给定竞争要素的效益或价值，部分依赖于未来是否存在展现自己的机会，分析海域利用系统的稳定性和预期效益是否最优，必须在某一时点从静态的绩效维度之间做出权衡，通过选择，发展并利用优势能力以达到可能的、新的动态权衡。

所以，在海域利用规划战略管理中，应从海域利用系统整体性出发，把海域生态系统的环境价值、社会文化和经济价值纳入规划和决策系统中充分考虑，建立经济、社会文化、生态、环境等价值权衡关系，设计好影响海域可持续利用的重要竞争因素，减少或放慢一些次要影响因素，从而提升海域利用的整体效益。

第四节　海域自然资本时空权衡制图表达

一、自然资本空间分布图的性质和制图原则

自然资本时空权衡制图主要分布于生态系统结构、功能和服务的科学研究及生态系统管理政策和规划方案的制定。基于上述制图功能定位，自然资本空间分布图的绘制应满足以下制图原则。

1. 表达内容的多重性和丰富性

图幅内容应反映如下方面。

1）区域自然资本的类型、空间分布和时间变化。图鉴显示内容包括自然资本在空间上呈集聚状态还是分散状态，自然资本的属性特征（包括数量、质量、空间分布等）在过去、现在和未来的时间段内是如何发生变化的。

2）自然资本的空间分布与环境因子之间的相互关系。由于自然资本受到环境因子的制约，其空间分布格局应大致符合环境因子的空间分布规律。

3）不同生态系统服务之间权衡与协同特征。不同生态系统服务具有一定的空间关联关系，如生物多样性保护与环境维持服务之间、气候调节与休闲娱乐之间等。科学有效地识别多种生态系统服务集聚的“热点区”有助于制定合理的规划方案，节约生态系统服务的管理成本，提供管理效率。

2. 兼顾科学性与实用性

自然资本时空权衡制图内容不但要有科学性，还应注意实用性。

1）图幅内容应包含生态系统服务供给和需求两方面特征，以提供决策者协调生态系统服务供给和需求之间互动关系的充足信息，确保生态系统服务收益的长期最大化。在生态系统服务需求制图时，应充分考虑当地居民、企业和各级政府的利益诉求，确定不同主体对不同类型生态系统服务的需求权重，并针对不同用户绘制特定需求情景下的自然资本空间分布图，使利益相关者和决策者更加清晰、全面地了解未来区域自然资本

的变化态势。

2）生态系统服务制图要增强易读性。某些生态系统服务类型的空间分布图对于科研工作者来说容易理解，而决策管理者未必就能准确地判读。因此，为了实现科研工作者和决策管理者之间的有效交流和沟通，制图过程中应突出区域生态系统服务的整体特征，以及某些对于区域社会-生态系统可持续发展至关重要的生态系统服务类型的时空特征。

3. 制图的规范性与艺术性结合

1）自然资本时空权衡图的编制不仅要充分利用调查和观测地面实测资料，还要深度挖掘航空和卫星等遥感海量数据。同时，传统地形图的编制与现代化制图技术相结合，以提高图件的科学性和制图水平。

2）在保证制图科学性的基础上，采用现代图形和图像分析处理技术，尽可能使图鉴色彩丰富、形式灵活多样，以增大图幅内容的受众范围。

二、区域自然资本价值制图

自然资本价值制图主要涉及三个方面，即服务的供给、需求及多种服务之间的权衡。服务的供给是指某研究区域在特定的时空尺度内生产一系列能被人类利用的生态系统产品和服务的能力，这种能力的大小可以通过价值量或物质量来度量。服务的需求是指特定研究区域在某时间尺度内被人们使用或消费的生态系统产品和服务的总和，可以通过需求分布、需求量及受益者所处的位置等来描述，包括人口分布、聚落大小和位置、消费构成等具体指标。通过对研究区域生态系统服务提供与需求的各自制图结果进行叠加运算，最终生成某区域一种或多种生态系统服务类型供给与需求平衡的关系图，显示生态系统服务的赤字或盈余。

1. 自然资本价值供给制图

自然资本价值供给是指某研究区域（生态系统）在特定的时空尺度内生产一系列能被人类利用的生态系统产品和服务的能力，这种能力的大小可以通过价值量或物质量来度量。它不同于潜在的最大的生态系统服务提供，而是指能被人类直接利用以满足人类需求的那部分生态系统提供的产品和服务，其主要影响因素包括直接的环境资源与服务以及人类活动与决策，如政府的决策与技术进步等。

2. 自然资本价值需求制图

自然资本价值需求是指特定研究区域在某时间尺度内被人们使用或消费的生态系统产品和服务的总和；它受到法律法规、人口数量、经济水平、资源禀赋、文化传统等因素的影响。随着社会经济的高速发展，人类社会对自然资本需求显著增加，以至于出现局部自然资本退化或过度损耗，为了缓解或扭转自然资本退化或过度损耗，通过自然资本供给与需求的制图结果叠加运算，最终生成区域的一种或多种生态系统服务类型供给与需求平衡关系图。

3. 自然资本价值权衡协同情景分析

自然资本价值制图是根据决策需求，利用不同的生态系统服务评价方法，对特定时空尺度上生态系统服务种类的组成、数量、空间分布和相互关系等综合特征及各种自然-社会因素影响下的情景变化特征进行量化描述的过程。

基于空间利用的情景模拟方法是指综合考虑海域空间利用与生态系统管理政策，通过设定不同变化情景来反映生态系统服务可能的动态变化的方法。生态系统服务制图的权衡协同关系情景分析可以为决策者提供决策区域生态系统服务、在当前或者未来各种影响因素的变化情景，以及在可能的决策规划情景下，会有什么样的权衡或协同的影响变化。

三、自然资本价值制图流程

定量可视化表达自然资本时空变化是一项基础性工作，详细描述自然资本时空演变可以满足对未来可能的决策与影响定量分析。首先，通过对最初的决策需求的分析，收集决策制定区的自然-社会综合特征数据，包括气象气候数据、区位地形数据、遥感数据、地理数据、空间利用及统计数据等。由于生态系统服务的制图量化分析方法的选择主要依赖于研究区的数据可得性，所以需要对所能收集来的数据进行综合分析，从而建立符合区域实际及决策需求的生态系统服务制图模型。生态系统服务制图的模型方法是生态系统服务制图过程中最重要的核心内容，生态系统服务制图模型的选择或建立决定了制图结果的可靠性。其次，在生态系统服务制图模型确定后，通过制图综合，将最终分析得出的决策区域生态系统服务综合特征地图提供给不同决策阶段的参与者，让决策者权衡利弊，最终制定出切实有效、有益的决策规划。

自然资本时空权衡图的编制流程如下。

1）需求分析。由于自然资本时空权衡制图主要是满足特定需求，因此制图的第一步是开展需求分析。例如，图件编制者需要了解用户所关注的海域自然资本类型的空间分布；用户使用这些空间分布图的目的是什么，从事科研还是辅助管理等。

2）制定分类方案。针对研究区的实际情况，根据用户需求制定研究区自然资本分类方案，并确定诸如生态系统服务类型划分的详细程度、是用物质量还是价值量来表征自然资本等问题。当然，在此过程中也需要完成一些制图的前期准备工作，如明确界定区域范围、地图投影、大地坐标、比例尺和图例系统等。

3）数据收集和整理。根据资料类型可将其划分为地图资料、影像资料和文字资料等。具体包括各种地形图、普通地图、专题地图、航空照片、遥感影像、野外观测与考察资料、统计资料、调查问卷及文献资料等。

4）数据分析和评价。收集资料可能良莠不齐，相互重叠，还可能矛盾。因此，在使用这些资料之前需要对其进行鉴别和初步分析，如需要考虑数据采集时间是否一致，数据精度如何，有无缺失和异常值，是否需要对某些数据作变换处理等。

5）模型计算。选择合适的过程模型或统计模型计算研究区的生态系统服务的物理量、价值量或生态系统服务的相对重要性。

6）制图综合。对图件信息进行概括、简化和综合取舍，使地图阅读者快速、准确地获取所关心的信息，达到地图信息传输的目的。

7）图形符号设计。通过地图符号的图形、颜色、尺寸、文字、声音和动画视频等突出地图所要表达的信息。

8）图面整饰。按照绘制要求进行图画编整和修饰处理。

9）图形输出和印刷。

一般来说，按照以上九个步骤进行工作，就可制作出一幅完整的自然资本时空权衡图。但由于用户需求的复杂性和不确定性，在最初阶段并不能将所有的需求都充分表达，当图件初步编制后，往往会提出新的需求。也可能是制图者与用户之间信息交流不畅，导致初始制图并不能完全满足要求。这就需要在初始图件的基础上对其做进一步分析和处理，即从简单的阅读型地图发展到分析型地图。如果图件是在 GIS 平台上制作的，可以按照用户需求对其进行简单的空间分析，包括叠加、缓冲、点面、路径、网络视通、相关分析及重分类等。另外，还可以就具体问题深入开展专题分析，加以海域自然资本空间分布图为基础，提取区域内生态系统服务的“热点区”，并将其作为未来生态系统服务管理的重点区域。另外，还可以对海域自然资本空间分布图进行梳理统计分析，揭示各类型生态系统服务的数量特征。同时，在单项识别和特征提取的基础上，形成新的专题图。此外，还可根据需求开展更为复杂和综合的分析，如基于生态系统服务制图的权衡和协同分析、情景分析及“自然资本价值时空演变”分析等。自然资本时空权衡图的编制流程如图 7-1 所示。

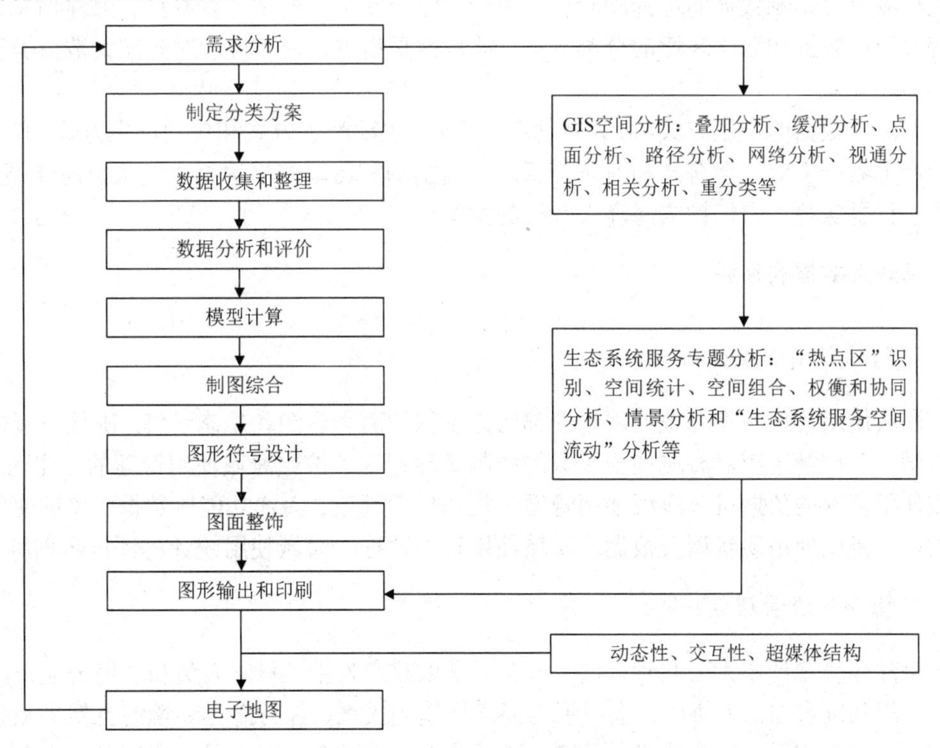

图 7-1　自然资本时空权衡图编制流程

第八章

自然资本价值核算的模型与工具

海洋大数据作为全球大数据的重要组成部分，是实现海域智慧管理的基础和前提。伴随着我国“空、天、地、底”海洋立体监测技术的发展和“数字海洋”的全面深入，海洋数据从数量、增长速度和种类扩展等方面发生了质的飞跃，为海域自然资本价值核算和空间制图提供了支撑。InVEST 模型能够对自然资本时空格局进行空间分析和价值核算，这有助于海域利用、管理模式及情景分析等方面的工作。

第一节　海洋大数据

海洋大数据作为一个特殊的大数据领域，其不同数据在采集方式上具有显著差异，较大程度上会影响数据的选择和应用。为此，综合参考对数字工程数据、海洋信息、海洋综合管理数据和海洋环境的分类方法，从数据采集方式的角度，对海洋大数据类别进行描述。

海洋大数据的产生方式，分为被动产生方式、主动产生方式和自动产生方式。其中，被动产生数据主要来自海洋和海岸带管理；而主动和自动产生数据主要来自海洋调查、监测和科学实验，它们构成海洋大数据的主体。

一、海洋大数据的来源

1. 海域使用管理数据

海域使用管理是指海域使用管理部门为了保护海洋资源和生态环境，确保海域资源的科学、合理利用而对海域使用采取的控制管理行为。按照海域使用管理的工作内容，海域使用管理的数据可分海域使用管理法规与技术规范、海洋功能区数据、海域使用规划数据、海域使用现状调查数据、海域使用管理数据、海域使用统计与评价数据等。

2. 海洋环境管理数据

海洋环境管理作为公共管理的一部分，是以政府为主，科研人员和环境公益组织等涉海组织共同参与，为协调社会发展与海洋环境的关系、保持海洋环境的自然平衡和持续利用，综合应用行政、法律、经济、科学技术和国际合作等手段，依法对影响海洋环境的各种行为进行调节和控制活动。

海洋环境管理的具体内容如下。

1）海洋环境规划管理。划定近岸海域环境功能区，配合沿海地区城市、港口、工农业、养殖业、旅游等开发建设规划，制定人口控制、沿海城市及工业污染控制、沿岸水域水质控制及大洋水质控制等规划。

2）海洋环境质量管理。组织制定并监督执行海洋环境质量标准和污染物排放标准；组织并开展海洋环境污染调查、监测、监视，对海水水质分类管理，控制陆源、海岸工程建设项目、海洋工程建设项目、海上船舶、海洋倾废等污染源对海洋环境的污染损害；进行环境质量现状和影响预测评价。

3）海洋环境技术管理。研究和制定海洋环境污染防治的技术政策和措施，确定海洋环境科学的研究方向；组织海洋环境保护咨询服务、情报服务和海洋环境科学技术交流。

3. 海岸带综合管理数据

海岸带位于海洋与陆地交界地带，易发各种自然灾害，聚集全球约2/3的人口，使其成为经济繁荣而环境负面效应显现的区域。因此，科学、有效的管理是海岸带可持续发展的保障。

海岸带数据是海岸带管理和辅助决策的基础，相应信息需具备空间性、统一性、时效性、多元性、持续性和全面性的特点。其中，空间数据是海岸带管理空间基准，以及在此基准下的陆域宗地图、房产图测绘，海域的岸线图、宗海图、海籍界址点等专题地图。属性数据包括法律法规、海洋功能区划和海域使用区划文字描述，海岸带环境与突发事件动态监测专题属性数据及海岸带管理的论证、审查、报批文档，评价指标体系和评价结果等。

二、海洋大数据的特性

海洋大数据具有显著的时空特性，并且具有强时空关联特性。每一个海洋数据对象都具有位置信息，即海洋大数据具有显著的空间性，各个位置点的海洋数据具有较高的空间相关性。空间自相关分析是指临近空间区域单位上某变量的同一属性值之间相关程度，主要用空间自相关指数进行度量并检验区域单位这一属性值在空间区域上是否具有高高相邻、低低相邻或者高低间错分布，即有无聚集性。若相邻区域间同一属性值表现出相同或相似的相关程度，即属性值在空间区域上呈现高的地方邻近区域低，呈现低的地方邻近区域高，则称为空间负相关；若相邻区域间同一属性值不表现任何依赖关系，呈随机分布，则称为空间不相关。

空间自相关分析分为全局空间自相关分析和局部空间自相关分析，全局空间自相关分析是从整个研究区域内探测变量在空间分布上的聚集性；局部空间自相关分析是从特定局部区域内探测变量在空间分布上的聚集性，并能够得出具体的聚集类型及聚集区域位置，常用的方法有Moran’s I方法、Geary’s方法、Getis方法等，本书中介绍Moran’s I方法。

1. 全局空间自相关分析

全局空间自相关分析主要用Moran’s I指数来反映属性变量在整个研究区域范围内的空间聚集程度。全局Moran’s I指数用来衡量邻近的空间范围内某一监测数据呈现出来的空间相关程度。定义 x_i 为某海域第 i 个监测点的要素值，$(x_i,-\bar{x}),(x_j,-\bar{x})$ 反映了要素值的相似程度，确定了相邻位置监测点之间的空间邻近关系 $\boldsymbol{W}_{ij}$，全局 Moran's I 指数可以通过下式计算得出：

$$I(D)=\frac{\sum_{i=1}^{n}\sum_{j=1}^{n}W_{ij}(x_i-\bar{x})(x_j-\bar{x})}{S^2\sum_{i=1}^{n}\sum_{j=1}^{n}\boldsymbol{W}_{ij}} \tag{8-1}$$

其中

$$S^2=\sum_{i=1}^{n}(x_i-\bar{x})^2;\ \bar{x}=\frac{1}{n}\sum_{i=1}^{n}x_i$$

式中，n——研究对象的值空间的区域数；

x_i——某一海域第 i 个区域的属性值；

x_j——某一海域第 j 个区域的属性值；

$\boldsymbol{W}_{ij}$——邻接矩阵；

$\bar{x}$——研究区域属性值的平均值；

S^2——样本方差。

全局 Moran's I 统计法假定研究对象的值之间不存在任何空间相关性，然后通过 Z 检验来验证假设是否成立。

Z 检验公式为

$$Z=\frac{I-\bar{x}}{s}$$

Moran's I 指数 $I(D)$的取值范围是[−1,1]。如果 $I(D)$处于[0,1]内，则表明要素值与空间位置存在空间正相关；否则，存在空间负相关；如果 $I(D)$取值接近于 0，则表明要素值在空间分布上不存在空间依赖性，研究队形的值呈随机分布。

判断研究区域的空间自相关情况，不能只看 Moran's I 的值，首先需要看显著性检验的结果，如果检验的结果 $p>0.05$ 则无论 Moran's I 的值是大于 0 或是小于 0，都认为没有通过显著性检验，不能拒绝其属于空间分部的假设，而是认为研究对象的值不存在显著的空间自相关，仍属于空间随机分布。只有当显著性检验结果 $p<0.05$，表明研究对象的值存在显著的空间自相关，再对 Moran's I 的值进行解读才有统计上的意义。

2. 局部空间自相关分析

全局空间自相关分析所针对的是研究区域整体上的空间相关性。除此之外，研究区域不同地区的空间相关性可能各不相同。这些特征的分析与比较，需要通过局部空间自相关分析来实现。局部空间自相关主要用局部 Moran's I 指数来反映属性变量在局部区域范围内的空间聚集程度。

局部空间 Moran's I 指数分析每个区域与相邻区域之间的空间关系，度量每个区域与其周围区域的空间上的差异程度及其显著性，局部 Moran's I 指数则可以通过下式计算得到。

局部空间自相关主要用局部 Moran's I 指数来反映属性变量在局部区域范围内的空

间聚集程度。

$$I_i = \frac{x_i - \overline{x}}{S^2} \sum_{j=1}^{n} W_{ij}(x_j - \overline{x}) \tag{8-2}$$

利用 Z 检验对 Moran's I 系数进行假设检验，当$|Z|>1.96$，$p<0.05$，拒绝无效假设，认为 Moran's I≠0,，存在局部空间自相关。通过式（8-3）对局部 Moran's I 指数进行计算得到的结果中，正的 I_i 值表明该海域内某一要素呈现空间集聚；反之，则表明在该海域要素值不存在相似的空间集聚。Z 检验公式为：

$$Z = \frac{I - \overline{x}}{s} \tag{8-3}$$

与全局空间自相关分析类似，在解释结果时，不能只看 Moran's I 的值，要先看对每个 x_i 区域的 Z 检验的结果，如果 Z 检验结果$|Z|<1.96$，$p>0.05$，则局部 Moran's I 的值是大于 0 或是小于 0，都认为没有通过显著性检验，表明该地区不存在显著的空间自相关，仍属于空间随机分布。

全局空间自相关分析和局部空间自相关分析可以通过全局和局部 Moran's I 指数分别计算得到。根据两者的特点，利用两者的工作原理给出了海洋大数据空间相关系数的定量化表达。

利用 ArcGIS Map 中的空间统计工具对数据进行空间相关性分析，得出海洋大数据的特征要素具有空间相关性，即海洋大数据的特征要素随着空间位置的变化表现出有规律的变化趋势。

三、海洋大数据挖掘分析

1. 时间序列相似性分析

时间序列是指不同时间的社会经济统计指标按时间先后顺序排列所形成的数列，又称动态数列或时间数列。在海洋研究领域存在大量的时间序列数据。传统的时间序列分析方法以模型分析为主，但模型分析方法建立在假设理论和数学基础之上，每一种模型都有其适用条件，因而在实际运用中具有一定的难度和局限性。在时间序列相似性分析中有两个关键问题，即时间序列表示和时间序列相似性匹配。时间序列相似性分析是时间序列挖掘的一个前期步骤，是时间序列分析的一种重要手段，其中的相似性匹配技术是时间序列模式匹配、模式分类与聚类、时间序列异常检测以及时间序列预测等各类时间序列数据挖掘方法的前提和基础。

2. 时空聚类

时空聚类是指基于空间和时间相似度，把具有相似行为的时空对象划分到同一组中，使组间差别尽量大，而组内差别尽量小。时空聚类分析是时空数据挖掘的一个主要研究内容，是计算机科学与地球信息科学领域交叉研究中的前沿课题，对于揭示时空要素的发展变化趋势、规律及本质特征具有重要意义。现有的时空聚类方法比较多，主要包括基于模型的方法、基于密度的方法、基于距离的方法。

聚类分析包括三方面研究内容：数据的聚集趋势估计，即判断数据能否进行聚类分析；聚类方法设计；聚类结果有效性评价。在地理空间中，时间和空间上的相关性是时空实体的基本特征，也是进行时空聚类分析的前提。若实体间没有相关性，则不会产生明显的聚集现象。

3. 时空异常检测

时空异常是指某对象与时空相邻域内其他对象存在明显的差异。时空异常既表现为空间上的异常，也表现为时间序列上的异常。时空是指从描述时空对象的时空数据中检测出存在明显偏离正常模式的时空对象的过程。时空异常检测的结果可以为海洋灾害的预测预警、海域自然资本分布的发现等提供参考依据。

（1）时空异常的主要类型

时空异常包括空间关系异常、时间关系异常、时空关系异常。

1）空间关系异常。若被研究的对象数据集依据空间关系应该符合某些规律，但是数据集中存在某对象数据没有依据空间关系遵从该规律，则称该对象数据集存在空间关系异常。例如，海洋鱼类对环境有一定趋向性，鱼类的聚集与温度有很大关系，从海洋表面向下，依照空间位置和海洋温度不同，鱼类聚集情况应该呈某种分布规律，若在某研究区域中，鱼类聚集情况没有依照这种规律变化，则表示存在空间关系异常。

2）时间关系异常。若被研究的对象数据集依据时间关系应该符合某种规律，但是数据集中存在某对象数据没有依据时间关系遵从该规律，则称该对象数据集存在时间关系异常。例如，海洋风暴潮来临时，随着时间的推移，海水增水量不断上升，然后下降，但是如果在某研究区域风暴潮来临后增水量未升反降，则表示存在时间关系异常。

3）时空关系异常。若被研究的对象数据集依据时空关系应该符合某种规律，但是数据集中存在某对象数据没有依据时空关系遵从该规律，则称该对象数据集存在时空关系异常。例如，某海岸区域，在一个 30 年时间序列监测中显示海岸侵蚀情况逐年加剧，但是该区域在其中某一年的海岸侵蚀情况突然显示好转，则表示存在时空关系异常。

（2）时空异常的检测方法

常见的时空异常检测方法包括基于统计的异常检测方法、基于距离的异常检测方法、基于密度的异常检测方法、基于规则和模式的异常检测方法等。

1）基于统计的异常检测方法。利用标准的统计分布方法来检测异常数据，就是依据时空对象数据集的特点，假设数据符合某个分布模型，那些不服从分布模型定义的时空对象数据就是异常点。这种方法的优点是建立于成熟的统计学理论基础之上，只要给出分布模型，发现异常点的过程就相对比较简单。但是，这种方法总是需要预先假设时空对象数据符合某种分布模型，如果模型选择不合适，异常检测的结果就可能出现偏差。

2）基于距离的异常检测方法。在数据集 S 中，至少存在 p 个对象与对象 o 的距离大于 d，则对象 o 是基于距离的、与参数 p 和 d 相关的异常点。这种基于距离来发现异常点的方法是目前使用比较普遍的异常点检测方法。但是，基于距离的异常检测方法存在一定的缺陷，当数据维度较高时，若时空对象数据空间具有稀疏性，则距离就无法给出合理的解释。因此，该方法适用于数据维度不高的异常点检测。

3）基于密度的异常检测方法。综合考虑时空对象数据间的距离及某个范围域内时空对象的数量（即密度）来发现异常点的方法。由于基于距离的异常检测方法提出了

相同的 p 和 d 参数，因此利用该方法对密度不同的区域进行检测会有问题。基于密度的异常检测方法可以体现出局部不同，因此相对基于距离的异常检测方法更易于发现局部异常。

4）基于规则和模式的异常检测方法。从大量的时空对象数据中提取出相关的规则和模式，然后依据这些规则和模式检测出异常点。提取规则和模式的主要方法包括关联分析、序列模式分析、分类分析和聚类分析。利用已有的时空对象数据进行训练，其中包含正常时空对象数据和异常时空数据，通过对正常时空对象数据进行训练来建立正常行为模式，再利用得到的规则和模式实现异常点的检测。

四、海洋大数据的质量控制

海洋数据是海洋信息化的基础，目前，海洋数据的获取手段种类繁多，采集周期逐渐缩短，数据类别多种多样，海洋数据的“量”正在急剧增长，可以说海洋数据已经成为大数据的典型。然而，海洋数据质量良莠不齐，因此准确、可信且高质量的海洋数据对于海洋信息化的发展有着极其重要的意义。面向来源多样性、形式多样化且具有空间相关性的海洋数据，如何基于其生命周期，从海量（批量）数据中选择“适量的样本数据”（样本量），并根据海洋数据质量元素的应用精度要求给出“合理的质量判定”（接收数），是海洋大数据质量控制的首要问题。

海洋数据具有海量、多源、多类及不确定等质量特性，传统的质量评估理论无法满足海洋数据质量评估需求。

海洋大数据的模糊质量评估模型如下。

1. 梯形模糊数

设 $\tilde{A}$ 是论域上的一个模糊子集，若存在

$$\mu_A(x)=\begin{cases}\dfrac{x-a}{b-a}, & a\leqslant x<b\\ 1, & b\leqslant x<c\\ \dfrac{d-x}{d-c}, & c\leqslant x\leqslant d\\ 0, & \text{其他}\end{cases} \tag{8-4}$$

则称 $\tilde{A}$ 为论域 U 上的梯形模糊数，$\mu_A x=(a,b,c,d)$，$a<b<c<d$，$[a,d]$为 $\tilde{A}$ 的支撑区间，$[b,c]$为 $\tilde{A}$ 的峰值区间，模糊子集 $\tilde{A}$ 的 α 截集表示为

$$\tilde{A}_\alpha=[(6-a)a+a,\ d+(c-d)\alpha] \tag{8-5}$$

式中，$\alpha\in[0,1]$——置信系数。

2. 质量评估模型的接收概率

对海洋数据进行质量评估，其结果是该批海洋数据为合格数据或该批海洋数据为不合格数据。记海洋数据的质量评估模型为 $S(N,n,d,c)$，其中，N 为海洋数据的批量（即数据量的总体大小），n 为对海洋数据进行质量评估所需的样本量，d 为海洋数据中具有质量问题的数据个数；c 为质量评估判定参数，即接收数。若 $d\leqslant c$，即该批海洋数据中具

有质量问题的数据个数小于或等于质量评估的判定参数，则该批海洋数据为合格数据；若 $d>c$，即该批海洋数据中具有质量问题的数据个数大于质量评估的判定参数，则该批海洋数据被视为不合格数据。

基于泊松分布，海洋数据质量评估模型的接收概率为

$$L(\tilde{p})=\sum_{d=0}^{c}\frac{\tilde{\lambda}^{d}}{d!}\mathrm{e}^{-\tilde{\lambda}} \tag{8-6}$$

式中，$\tilde{\lambda}=n\tilde{p}$，$\tilde{p}$——待评估海洋数据的模糊不合格品率，为海洋数据中具有质量问题的数据个数所占比例。

3. 模糊质量评估模型

在海洋数据实施质量评估前，给出该海洋数据批的模糊不合格品率 $\tilde{p}_0$。若待评估海洋数据的不合格品率不大于这个值，则该海洋数据批达到质量要求。当待评估海洋数据的质量水平大于 $\tilde{p}_0$ 时，其判为不合格的概率应不大于 α，即质量评估模型的接收概率不小于 $1-\alpha$。通过控制模糊质量评估模型的接收概率上、下限，使其包含点($\tilde{p}_0,1-\alpha$)，且模糊质量评估模型中接收数 c 和样本量 n 均为整数，则该海洋数据质量评估的模糊非线性规划模型为

$$\begin{cases}\min\limits_{n}\varepsilon^{2}\\ \mathrm{s.t}\sum\limits_{d=0}^{c}\dfrac{n\tilde{p}^{d}}{d!}\mathrm{e}^{-(n\tilde{p})}-(1-\alpha)=\varepsilon\\ 0\leqslant c\leqslant n-1\end{cases} \tag{8-7}$$

式中，n——样本量；

$\tilde{p}$——模糊不合格品率；

ε——接收概率的残差平方和。

第二节 自然资本价值核算模型

一、GIS 在自然资本价值核算中的应用

GIS 是优秀的可视化表达工具，无论是原始数据还是计算结果，均可以图像的形式表达与呈现。由于空间数据是异质的，这种和空间位置紧密相关的可视化表达就显得尤为重要。生态系统服务的供给、流动、消费，以及价值分布、热点识别等，都要依托 GIS 平台描绘；而生态系统服务的制图时间也要在 GIS 软件平台上完成。

GIS 的一项强大功能是针对空间数据的建模和分析，因此被广泛用于生态系统服务模拟与权衡研究之中。GIS 常被用来模拟生态系统服务激励模型以及自然现象与人类活动的模拟，以期弄清单一生态系统服务内部或多种生态系统服务之间的关联，以及生态系统服务与人类的复杂关系。与此同时，许多研究采用 GIS 来分析不同尺度下生态系统服务的时空分布。在服务时空格局分析的基础上，识别单个或符合生态系统服务供给的“热点区”，比较多种生态系统服务的分布差异，从而更好地理解生态系统服务的协同和

权衡。目前研究最为广泛的生态系统服务价值评估，也是依托 GIS 完成的。通常是采用一系列指标和衡量标准，在不同的时空尺度上对生态系统服务的供给（生产）和需求（消费）进行量化。在此过程中，应用 GIS 可以对生态系统服务的供给和需求指标进行空间结构分析，并结合其他判断规则，识别生态系统服务的供给区、消费区及连接区。

将 GIS 技术与生态系统服务价值评价相结合，能提供区域内不同空间平台、不同空间分辨率、不同时间分辨率、不同光谱分辨率的数据源，能够获取实时动态信息，为更加准确评价生态系统服务方面提供较好的技术支持工具。生态系统服务价值的精确定性、定量和定位需要通过“数字化生态系统”来实现。此外，随着生态系统服务价值评估研究的深入，基本上较少套用前人研究的基础参数，而是逐项计算各个服务价值，而各项服务价值的计量与生态系统各组成要素和生态过程密切相关，各组成要素在空间上不是均质的，人类研究所获得的观测值也不是连续的，这就要求我们要用到空间分析功能，运用各种空间插值方法对各种参数进行调整。采用 GIS 技术可以在一定程度上解决生态服务功能的空间异质性问题，帮助决策者更好地在区域范围内进行生态系统服务评估与管理。

二、常用的生态系统服务模型

基于 GIS 的模型和方法试图将生态系统供给和人类收益及价值都纳入模型体系，并希望能够支持生态系统管理和保护等决策。表 8-1 是 GIS 用于估算生态系统服务及其价值的不同方法和获得决策信息的不同途径。内容包括：表征现在或过去某个时间点某种生态系统服务价值的“静态”估计的模型与方法；分析外部因素变化如何影响生态系统服务和收益提供的模型与方法；为生态系统服务管理设置社会偏好和优先级的模型和方法。

表 8-1 常用的生态系统服务模型及其特征

工具	模型类型	可获得性	适宜应用尺度	时间/小时	利益相关者的引入
InVEST	生产功能	公开	景观到流域	160～260	可选
ARIES	收益转移	公开	景观到流域	200～300	可选
ESValue	优先级	私有	站点级到景观	200	需要
EcoAIM	优先级	公开	站点级到景观	每个变量 25	需要
EcoMetrix	价值转移	私有	站点级	每英亩①	否
NAIS	价值转移	私有	站点级到流域	N/A	可选
SolvES	优先级	公开	景观	N/A	需要

① 1 英亩=4 046.86 平方米。

1. 生态生产功能模型

生态系统提供的生态生产功能是生态系统服务的重要来源。在 GIS 环境下，可以模拟不同时空尺度下生态系统的过程、组分、结构和功能变化如何影响生态系统服务的供给和分布。从生态生产功能角度来模拟生态系统服务的供给，适用于与政策支撑相关的生态系统服务评价，因为它可以评价海域利用和管理决策情景变化是如何影响生态系统服务和收益的。大多数生态生产功能的模拟方法适用于某一时间或特定社会经济背景下的单一生态系统服务。然而，决策者面临的挑战是如何管理包括海域在内的国土空间利用变化下多种生态系统服务的权衡或协同变化。因此，提高针对多重生态系统服务的建模能力十分重要，因为服务之间是相互关联的，增加一种服务的激励措施，可能会对其他服务产生不利影响。

目前已有一些模型工具可以用来对多重生态系统服务及其相互关系建模分析。InVEST是一个开源的GIS工具，旨在使用生态生产功能方法来估测生态系统服务价值。InVEST是一套GIS模型工具集，通过使用相关的生物物理、经济数据来预测生态系统服务的供给及其经济价值。目前，InVEST能够模拟的生态系统过程和服务包括波能量、海岸脆弱性、海岸保护、海洋渔业养殖、海洋景观美学质量、捕鱼和娱乐、海洋栖息地、陆地生物多样性、碳储存和固定、水库水电生产、水体净化、营养保存、泥沙调节、木材生产和农作物授粉等。从目前发表的研究成果分析，InVEST是生态系统服务研究最为常用的GIS软件工具，其优点包括使用的简便性、简洁性、模拟类型的多样性和认可的广泛性等。其缺点可以概括为淡水服务和生物多样性建模能力较弱，模型过度简化及用户指南对模型机理解释不够详尽等。例如，尽管InVEST可以在不同的空间尺度和范围中使用，但对不同景观要素的空间关系处理过于简单化。

2. 价值转移模型

目前，已有一些学者应用收益转移或价值转移方法，把一种环境下的生态系统服务价值研究结果推演到其他信息不充分环境之中。静态价值转移方法可以计量生态系统服务的总经济价值，以及测度生态系统服务价值变化如何影响人类的福祉。

目前，应用较为广泛的内嵌价值转移方法的GIS开源模型是ARIES（artificial intelligence for ecosystem services，生态系统服务的人工智能）。ARIES集合了区域生态系统服务供给、使用和空间流动的算法，可以对生态系统服务的空间输送和空间流路径、通量进行模拟计算。由于服务供给和使用常发生在不同的时空尺度上，ARIES提供使用特定尺度方法研究生态系统服务的功能，并采用概率模型（空间贝叶斯网络）来模拟与生态系统服务相关的自然与社会经济因子。与InVEST不同的是，ARIES评估生态系统服务的基础是收益真实流动的量化，而不去关注内在的生态过程。例如，该软件构建了供给、源、汇和流分析的贝叶斯网络模型，以确定哪些区域对于服务传递是至关重要的。ARIES使用网络访问技术，而非用户运行他们自己的GIS软件，并且存储许多和用户模型相关的全球数据。用户可以定义感兴趣的生态系统服务受益者或福利，绘制或提供有关他们自己系统边界的GIS地图，并可以用与局地更相关的数据补充或替换ARIES的数据集来运行程序。

另外一个使用价值转移方法的GIS价值管理工具是NAIS（natural assets information system，自然资本信息系统），其也是一个使用价值转移方法决策支持系统框架，其中包括了一个为生境类型估算生态系统服务价值的GIS数据库和查询引擎。NAIS的运行机制是：首先，在系统框架下，空间信息小组（spatial informatics group，SIG）与客户一起确定表现生态系统服务价值流的合适地理单元，如流域、地块或行政区；其次，SIG对土地和水体覆被类型层与生态系统服务价值的多边形图层进行空间叠置分析；再次，在地理单元和覆被类型上绘制表征总体价值流的地图。NAIS 框架常应用于较小尺度的空间利用规划情景。

3. 强调社会偏好和优先的生态系统服务管理模型

一些新的生态系统服务评估方法超越了纯生态建模，强调把人类偏好和优先级纳入生态系统服务评估之中。ESValue 模型把已有信息和专家经验同利益相关者价值整合在一起，以明确不同管理策略带来的主要生态效益及由此带来的经济价值变化。ESValue 中的变量表征某地与生态系统服务相关的生态系统变化程度和利益相关者的偏好，专家知识用来识别变量并为其赋权。EcoAIM 是一种生态资产核查和管理的 GIS 优化模型，基于风险分析，用利益相关者偏好的权重矩阵，评估生态系统服务的变化量。美国地质调查局提供服务 SolvES 项目，旨在评估、制图和量化生态系统服务被感知到的社会价值，如美学、生物多样性和娱乐等。

第三节 InVEST 模型和海域自然资本价值核算

一、InVEST 模型概述

InVEST 模型是一种生态系统服务与权衡综合评估模型，在自然资本项目的支持下，美国斯坦福大学、世界自然基金会和大自然保护协会通过协作，在 2007 年成功开发，目前已经得到了国内外广泛的应用。模型不仅实现了生态系统服务功能的定量评估，而且在“3S”技术的支持下，实现了生态系统服务功能的空间表达。评估的结果通过图的方式表达出来，能反映生态系统服务功能的空间异质性的问题，使决策者更好地掌握现实情况并做出下一步的规划和对策。

InVEST 模型是美国斯坦福大学与世界自然基金会等机构实施的“自然资源计划”中的重要组成部分。为了更好地协调经济发展与生态保护，该计划开发出这一为生态系统服务评估、模拟与权衡提供支持的多层级模型，旨在通过特定的生产方程，模拟生态系统服务的供给状况，进而对利益相关者所需服务和价值进行评估，最终指导利益相关者的政策制定和制度选择（见图 8-1）。一般说来，模型层级愈高，所需数据愈复杂，模拟结果也愈精确。0 级模型能够在空间上模拟服务供给或者需求程度的分布情况，并不进行价值评估。1 级模型在 0 级的基础上，可以输出当前或者未来情况下，不同生态系统类型的服务与生物多样性价值，输出单位可以是实物量，也可以是经济价值（如海洋渔业模块中，输出单位可以是捕鱼产量或者价值）。更加复杂的 2 级模型模拟对象是针对生物多样性及部分生态系统服务，能够输出更加精确的实物量和经济价值核算结果（见表 8-2）。

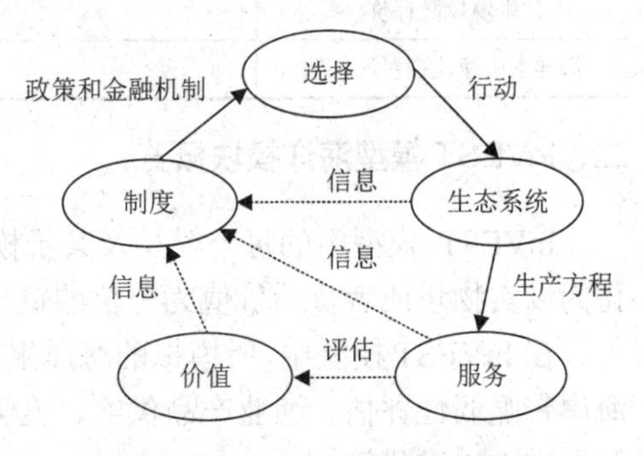

图 8-1 InVEST 模型的理论框架

表 8-2 InVEST 中不同层的比较

模型开发阶段	0 级模型	1 级模型	2 级模型	3 级模型
实物量评估	相对值	绝对值	绝对值	绝对值
经济价值评估	无价值评估	用一套特定方法进行价值评估	用一套特定方法进行价值评估	用一套特定方法进行价值评估
时间尺度	一般情况时间尺度不定，或每年	时间尺度为年，无时间动态	时间尺度为天或月，部分时间动态	时间尺度为天或月，有反馈和阈值的时间动态
空间尺度	适当的空间范围，从子流域到全球	适当的空间范围，从子流域到全球	适当的空间范围，从地块到全球	适当的空间范围，从地块到全球
应用范围	有利于关键（高风险或高服务供给）区域的识别	基于绝对价值或经过校正后，有利于决策	基于绝对价值，有利于决策	更加精确的服务传递的估算
服务间的相互关系	部分服务的相互关系	部分服务的相互关系	部分服务的相互关系	有反馈和阈值的复杂的相互关系

通过生物物理方程和经济模型，在不同的情景下评估生态系统服务价值，并得到不同的输出结果。基于利益相关者访谈以及情景分析结果，InVEST 模型能够模拟当前或者未来情景下，生态系统服务供给的数量和价值。InVEST 模型的输出结果图是空间直观的，输出单位可以是实物量（如储存碳的质量），也可以是货币价值（如储存碳的市场净现值）。输出结果的空间分辨率亦可以变化，视研究区范围和所关心问题的尺度而定。利益相关者还可以通过模型输出结果的优劣来调整情景，直至得到满意结果。

在自然资本项目组提供的用户手册中，按照提供服务的生态系统类型不同，模拟与评估的生态系统服务类型见表 8-3。

表 8-3 InVEST 中基于不同生态系统类型的模型分表

海洋生态系统模型	陆地生态系统模型	淡水生态系统模型
波能发电	生物多样性：生境质量与稀缺性	水库水力资源
海岸脆弱性	碳存储	水质净化：营养物质保持
海岸保护	土壤保持：防止淤积和水质调节	
海洋渔业	木材生产管理	
海洋美学欣赏	作物传粉	
海洋叠加分析：渔业与休憩		
生境风险评价		
海洋水质净化：对流扩散		

二、InVEST 模型海洋模块概览

InVEST 模型中的每个模型及其子模块，都是通过一定的生产函数将必要的输入转化为以实物量或者货币价值为单位的输出。

在 InVEST 模型中，所模拟的海洋生态系统能够提供的生态系统服务包括波能发电、海岸带脆弱性评估、渔业产品供给、美学欣赏、渔业与休憩的叠加分析、生境风险评估和海洋水质净化等。

1. 波能发电

波能发电模块所估算的服务包括波浪的潜在能量、能够被利用的能量和经装置转换后得到的能量。进一步，模型可以将建造发电设备的成本、设备的折旧率等考虑在内，得出上述服务的货币价值。

决策者和公众对将波浪能转换成电能越来越感兴趣，希望波浪能可以成为清洁、安全、可靠和可负担得起的能源。InVEST 波浪能量模型（Wave Energy Model，WEM）的目标是绘制和评估海浪所提供的能源供应服务，进而评估定位波能量转换（Wave Energy Change，WEC）实施的过程中可能会出现的得失。WEM 评估了潜在的波浪发电、基于波条件获得的波能（如有效波高和波周期峰值）及 WEC 设备的技术特有信息（如性能表和最大容量）。然后，该模型会通过经济参数（如电价、贴现率及安装和维护成本），计算 WEC 设施的建造和运营相对于其使用寿命的净现值。

波输入数据的质量决定了模型结果的准确性。因此，使用者需要了解波输入数据的质量，从而对 WEM 结果进行适当的解释。捕获的波能表明的是每个 WEC 设备每年平均吸收的能量。对于波浪的潜在能量 P_n（千瓦/米），即每单位宽度、一定长度的不规则波浪能够产生能量，近似的计算公式为

$$P_n = \frac{\rho \cdot g}{16} H_s^2 C_g(T_e,\ h) \qquad (8\text{-}8)$$

式中，ρ——海水密度；

g——重力加速度；

H_s——显著波高；

C_g——波群速度，是波能周期和水深的函数；

T_e——波浪周期；

h——波高。

在波能发电模型中，计算所需的数据包括研究区矢量图模型（允许选取整个研究区或者其中的子区域作为研究对象）、研究区数字高程模型、波浪参数（包括波浪高度和周期等）、发电装置参数（包括最大功率、所能利用的海浪高度及周期范围等）。

2. 海岸带脆弱性评估

面对人类活动的加剧和气候变化的影响时，海岸带决策者和使用者需要更好地去了解生物和物理环境的改变（即生境对海岸开发的直接和间接破坏）是如何来影响海岸带功能和价值变化的。

InVEST 海岸脆弱性模型可进行定性的估计，产生暴露脆弱性指数，在暴雨期它能区别出相对较高或较低的地区受到的侵蚀和淹没。通过与全球人口信息耦合这些结果，该模型可以显示一个沿着给定海岸线的区域，而此区域的人群最容易受到风暴潮和浪涌的影响。模型没有考虑某一区域海岸过程的独特性，也没有预测海岸线位置或配置的长期或短期变化。

模型输入量，充当了各种复杂的、影响暴露在侵蚀和洪水中的海岸线过程的探针，它包括：沿着海岸线分布的地方性海岸地貌的属性多边形线段、代表生境位置的多边形

面（如海草、海带、湿地等）、净海平面的变化率（可观察的）、可以作为浪涌电压水平指示因子的等深线（默认等深线在大陆架的边缘）、代表海岸域地势和（随意的）水深测量的数字高程模型（DEM）、包含有观测到的暴风速和波能值的点图形文件及一个表示人口分布的栅格图。

模型的输出可用于更好地理解这些不同模型变量对海岸暴露的相对贡献，同样也突出了这种生境给海岸人群提供的保护性服务。这种信息可以帮助海岸管理者、规划者、土地使用者和其他利益相关者来确定风险程度，以便更好地来评估发展战略和规划方案。

模型的输出不能被用来量化某一特定海岸域受到侵蚀和洪水时的暴露；模型只是一种定性输出，并且它适用于一个相对较大的尺度。更重要的是，该模型不能预测出某个地区在遇到特殊的风暴或波场时的反应，也没有考虑任何大规模的可能存在于某一兴趣域中的沉积物的运移途径。

海岸带脆弱性评估模块通过输入研究区域在海平面波动、波浪、风等影响下的暴露度，得出一个综合脆弱性指数来衡量不同海岸地形地貌的脆弱性。计算公式为

$$\mathrm{VI}=\sqrt{\frac{R_{\mathrm{Gemrphlgy}}R_{\mathrm{Relief}}R_{\mathrm{Habitats}}R_{\mathrm{SLR}}R_{\mathrm{WindExpsure}}R_{\mathrm{WaveExpsure}}R_{\mathrm{Surge}}}{\mathrm{Cunt}_{\mathrm{Var}}}} \tag{8-9}$$

式中，VI——脆弱性指数，值越高表明脆弱性越高；

$R_{\mathrm{Gemrphlgy}}$、R_{Relief}、R_{Habitats}、R_{SLR}、$R_{\mathrm{WindExpsure}}$、$R_{\mathrm{WaveExpsure}}$ 和 R_{Surge} ——分别代表地形、坡度、自然栖息地、海面波动、风、浪和潜在海潮之下的暴露度，暴露度分为五个等级（R_{Surge}=1,2,3,4,5），等级越高表明暴露度越高；

$\mathrm{Cunt}_{\mathrm{Var}}$ ——计算时所考虑的上述变量的个数。

在脆弱性评估模型中，计算所需的数据包括研究区矢量图（包括研究区域的面积、形状等基本属性）、计算单元大小（即模型计算与结果输出的空间分辨率）、有效距离阈值（该参数决定提取的距离阈值，以区分受到庇护和处于暴露之下的海岸带）、风浪暴露度[不同地点的风浪暴露度分级（R=1,2,3,4,5），等级越高表明暴露度越高]、波浪暴露度（研究区内的平均水深，用于计算波浪参数）、研究区数字高程模型。

3. 渔业产品供给

渔业产品供给是海洋生态系统中重要的供给功能之一。支持水产养殖鱼类和贝类的生产是沿海和海洋环境提供的一项重要服务。目前模型的输入包括养殖场位置、设施管理时间、水温、经济数据估值及对结果感兴趣的时期。模型的局限性包括假设捕获时间、价格及水产养殖鱼类的生产成本在选定的时间周期内是一个常数。在时间段为 t，年份为 y 时，分析渔场 f 的不同鱼种预期捕获重量 $W_{t,y,f}$ 在特定环境下的产量和经济价值可以通过下式计算：

$$W_{t,y,f}=\left(aW_{t-1,y,f}^{b}\cdot \mathrm{e}^{T_{t-1},f^{\tau}}\right)+W_{t-1,y,f} \tag{8-10}$$

式中，a 和 b——鱼类的生长参数；

e^{T} ——渔场 f 的每日水文；

τ ——当水温升高时，鱼类生长的变化率。

渔业产品供给计算所需的数据包括渔场基本图层（渔场的位置和名称等基本信息）、鱼类生长参数（模型中默认采用的是大西洋鲑鱼的参数，可根据实际鱼种的生长率调整）、渔场水温（分辨率为天）、渔场管理参数（包括鱼类的起始重量与收获重量、起始时间与捕捞时间和总数）等。

4. 美学欣赏

海洋与海岸景观的自然风光能够为本地居民及游客带来视觉和精神上的享受，也被视作一项重要的生态系统服务。美学欣赏模块通过评估当地工程（如发电设施建造和海岸房屋建设等）对人们视野的影响，来间接估算美学欣赏价值，视野分析结果将有助于决策者在建设与美学欣赏价值之间做出权衡。

海洋和沿海海景的自然景观在许多方面有助于提高当地居民福祉。InVEST 景区质量模型允许使用者确定可以看到近岸或离岸景观位置。它产生的视域图可以用来识别新的离岸开发的可视化足迹。视域模型的输入包括地形和水深、感兴趣的海上设施的位置和观光者的位置。该模型不会量化视域改变的经济影响，但它可以用于在更详细的评估研究中的视域度量计算。该模型的一个关键限制是：目前它并未考虑植被或土地等基础设施限制陆地区域的可能方式，这些陆地区域会在视觉上受到离岸开发的影响。

模块首先评估每一个栅格视野受到影响的程度，用五个等级来表示，等级越高表示受影响程度越大。然后，通过统计每个栅格中的人口，计算每个等级中受到影响的人数。进一步，决策者可以选择诸如公园和自然保护区等娱乐休憩用地，来评估其视野受到影响地区占总面积的百分比。该估值函数或者是对数式，即

$$f(x) = a + b\lg(x) \tag{8-11}$$

或者是三阶多项式，即

$$f(x) = a + bx + cx^2 + dx^3$$

式中，x——单元中心与一个点要素之间的距离；

a、b、c、d——系数。

使用默认参数值（a=1，b=c=d=0），该模型可以计算一个聚合视域范围。估值函数可以计算最高估值默认为 8 000 米的半径。对于较短的距离，对数和多项式公式可能将其降至不切实际的高值。为了避免这种情况，该模型使用了一个线性函数 $l(x)$：

$$l(x) = \alpha x + b$$

式中，$a = f(1\,000)$，$b = f(1\,000)$。由于函数量化的是美元数额，因此数值范围应大于 0。该模型将测试该函数在最大半径处是否为正，如果不是，会返回错误信息。

InVEST 景区质量模型通过以下四个步骤计算景观功能的视觉影响。

1）可见性计算。该模型计算了每个点特性的可见性栅格。它实现了一种简单的视线算法，该算法仅计算了观察点到周边栅格单元中心沿线的能见度。

2）估值。该模型对于使用点要素距离的能见度栅格应用了估值函数（对数式或三阶多项式）。

3）权重。新的创建点上的每个功能均具有一个多项式系数，用于计算估值功能返回的值。

4）总结。归纳加权栅格，生成视觉影响输出栅格。

美学欣赏模块所需的数据有研究区矢量图、视野干扰点图层、能够对视野造成干扰的工程和设施的位置、研究区数字高程模型、折射率系数、用于校正由地表曲率而导致的光传播偏差、人口栅格数据。

5. 渔业与休憩的叠加分析

对人类活动给海洋可能造成的影响进行空间制图，是海洋空间规划的首要步骤。InVEST 中的叠加分析模块是以渔业与休憩为例，旨在寻找对于使用者而言，海洋生态系统中最重要的地区。绘制当前使用和总结各区域对特定活动的相对重要性地图是海洋空间规划重要的第一步。

InVEST 叠加分析模型的目的是要生成可用于识别对人类使用最重要的海洋和海岸地区的地图。这个模型的雏形是作为休闲和渔业的两个独立的模型。然而，由于其基本方法在根本上是相似的，所以我们将其合并为一个模型，不仅用来绘制娱乐活动和渔业地图，还可以绘制其他活动的地图。虽然这个模型设想是为空间上普遍共享的海洋区域所使用，但它也适用于利用类型叠加分析出现的陆地上的区域。输入信息包括人类活动发生的位置，反映不同人类使用的相对重要性的权重，以及使用范围内空间差异信息。因为它只是绘制当前使用而并不对行为进行建模，所以这个模型并不能很好地用于评价人类使用将如何随着沿海和海洋环境的变化而变化。

这个模型提供一个非常简单的框架，几乎不提供在不同沿海和海洋环境变化情景下人类活动可能会如何发生变化的洞察力。这种洞察力最好是从包括人类行为描述的模型中获得。但是，添加或删除活动，或者改变各种活动或位置的权重的方案可用来探索变化。模块的默认简单方法是赋予所有的地点与活动以相同权重，则其重要性得分为

$$\mathrm{IS}_i = \sum_{i,j} U_{ij} I_j \tag{8-12}$$

式中，IS_i——重要性得分，表示在区域 i 中的人类活动的总数；

U_{ij}——在区域 i 中的第 j 项活动的发生判断系数，0 表示未发生，1 表示发生；

I_j——该项活动重要性权重。

如果考虑赋予不同的活动相应的权重，则重要性得分变为

$$\mathrm{IS}_i = \frac{1}{n} \sum_{i,j} U_{ij} I_j \tag{8-13}$$

式中，n——人类使用行为的数量；

U_{ij}——某项活动的使用性权重；

I_j——该项活动的重要性权重。

叠加分析所需要的数据包括研究区矢量图、叠加分析属性表（包括叠加分析对象的图层名称、权重与缓冲区大小等参数）、其他数据（允许用户定义不同活动地点的名称、位置与相对权重等）。

6. 生境风险评估

海洋生态系统面临着许多自然和人为压力，如捕鱼、气候变化、环境污染与人类开发等。InVEST 模型中的生境风险评估模块使得使用者能够评估人类活动对海洋生态系统引起的风险，以及各项生态系统服务与生物多样性的响应。生境条件的优劣决定着其

能提供的生态服务。

随着人类活动干扰的加剧，十分需要一些同时具有快捷、清晰和可重复特征的方法来评估各种管理计划下的人类活动带来的风险。InVEST 生境风险评估模型可以帮助评价人类活动对沿海与海洋生境的影响及其对生态系统服务的潜在威胁。InVESTHRA 模型与前者一样，都能帮助使用者辨别出特定地表或海域上人为活动影响最强烈的区域。虽然以往都是运用生物多样性模型来评估人类活动怎样影响生物多样性，但 InVESTHRA 模型能更好地运用在发掘现在与未来人类活动带来的风险，从而选择减缓风险的最佳管理策略，其工作步骤如下。

1）通过专家打分法，为每一种压力可能引发的暴露度与系统对于暴露的响应赋分。对于每一评分标准 i，总体的暴露度 E 和响应 C 的得分是由单项暴露度得分 e_i 和单项响应得分 c_i 加权平均得来。

$$E=\frac{\sum_{i=1}^{N}\frac{e_i}{d_i w_i}}{\sum_{i=1}^{N}\frac{1}{d_i w_i}},\quad C=\frac{\sum_{i=1}^{N}\frac{c_i}{d_i w_i}}{\sum_{i=1}^{N}\frac{1}{d_i w_i}} \tag{8-14}$$

式中，d_i ——对于评分标准 i 的数据质量评级；

w_i ——评分标准 i 的重要性权重；

N——每一生境类型的评分标准数目。

2）将暴露与响应结合得到风险得分。对于生境类型 i 在压力状态 j 下的风险，可以通过暴露-响应空间的欧氏距离计算。

$$R_{ij}=\sqrt{(E-1)^2+(C-1)^2} \tag{8-15}$$

3）将所有的风险得分相加，得到该生境类型的总风险得分。

$$R_i=\sum_{j=1}^{J}R_{ij} \tag{8-16}$$

4）可以依据前三步计算结果，识别研究区内的风险“热点区”。判断热点区的标准也由使用者自由定义。热点区包括可能出现的人类活动与生态系统服务之间的权衡。

生境风险评估模块所需的数据包括生境压力分级打分表（包括生境的类型、压力类型、暴露和响应的权重及得分等）、其他数据（热点区识别所需的风险分级标准等）。

7. 海洋水质净化

水质净化是海洋生态系统提供的重要服务，直接关系到人类健康与长期生存。在 InVEST 中的海洋水质净化功能模拟由对流扩散模型完成，海水理化性质与人类活动被认为是影响水质的两大因素。污染物通过水流运输和自净作用而逐渐消减。同时人类的污染排放与控制等行为，也会对海水污染造成一定影响。

沿海、河口区域，对水质量有效管理在人类与生态系统健康方面发挥着重要的作用。如果缺乏污染物扩散的认识，将严重阻碍管理决策的发展与应用，从而导致严重的水质污染问题。海洋水质模型运用物理传输和生物化学过程来模拟水质变量（污染物质）的扩散，并对由于管理决策和人类活动导致的生态系统结构变化做出响应。因此，模型通常用来评估管理决策和人类活动如何影响沿海、河口生态系统的水质。尽管，水质不是一项生态系统服务，InVEST 海洋水质模型可以联合其他 InVEST 模型来评估水质何种变化程度可能会影响其他水生生态系统服务（渔业、水产养殖、水上娱乐），以及这些生态系统服务的何种开发利用程度（水产养殖）会反过来影响水质状况。

海域水质净化模块通过求解如下的潮平均二维质量平衡方程，来得到水质状态变量的空间分布。

$$E\left(\frac{\partial^2 C}{\partial x^2}+\frac{\partial^2 C}{\partial y^2}\right)-\left(U\frac{\partial C}{\partial x}+V\frac{\partial C}{\partial y}\right)+S=0 \tag{8-17}$$

式中，x 和 y——正东和正北坐标系；

C——水质状态变量的潮平均值；

U 和 V——分别代表 x 和 y 方向的平均流速；

E——潮汐扩散系数；

S——污染物的源和汇。

该方程为经典对流扩散方程的稳定状态，第一项表示潮汐扩散，第二项表示水流扩散。据此，结合某一污染物在水中的分解或衰减速率，可以模拟由该污染物的分布状态。

在 InVEST 模型中，海洋水质净化模块所需数据有研究区矢量图、输出栅格属性[包括输出栅格的大小和深度（垂直水深）]、污染源属性（包括其位置和每天的排污量大小）、衰减率（K_B）、扩散系数（E）、水流速度[包括水平和垂直两个方向]。

第四节　海洋社会核算矩阵

一、编制自然资本账户的意义

编制自然资本账户能够反映出自然资本的状态，在了解自身情况的前提下更有效地管理自然资源，从而实现自然资本的优化管理和利用。

1. 编制自然资本账户有利于经济可持续发展

通过编制自然资本账户，可以从生态-经济-环境角度来衡量经济的发展质量。

2. 编制自然资本账户有利于领导干部政绩考核

通过编制自然资本账户能够改变区域经济发展的综合评价，并且能够对领导干部进行自然资源离任审计。

3. 编制自然资本账户有利于完善和发展国民经济核算体系

编制自然资本账户是对国民经济核算体系的一种发展和完善。经济核算必须反映出对资源消耗的状况。通过编制自然资本账户，反映出自然资本变化的同时，也能够与经济发展指标相结合，将资源的消耗和经济增长模式纳入统一框架体系，更能反映出经济发展和资源环境之间的关系。

二、社会核算矩阵概览

社会核算矩阵是一种描述经济系统运行的、矩阵式的、以单式记账形式反映复式记账内容的经济核算表，它将描述生产的投入产出表与国民收入和生产账户结合在一起，全面地刻画了经济系统中生产创造收入、收入引致需求、需求导致生产的经济循环过程，清楚地描述了特定年份一国或地区的经济结构和社会结构。

1. 社会核算矩阵简单描述

社会核算矩阵在投入产出表的基础上增加了非生产性部门（机构账户），如居民、政府、世界其他地区，以二维表的形式全面反映了整个经济活动的收入流和支出流，不仅能反映生产部门之间的联系，还能反映非生产部门之间及非生产部门和生产部门之间的联系。下面给出了一个简单描述性社会核算矩阵（表 8-4）。

表 8-4　一个简单的描述性社会核算矩阵

收入		支出					汇总
		1	2	3	4	5	
1	活动/商品		C	G	I	E	需求
2	居民	Y					居民收入
3	政府	T_i	T_d				政府收入
4	资本账户		S_h	S_g		S_f	储蓄
5	世界其他地区	M					进口
汇总		供给	居民支出	政府支出	投资	外汇收入	

注：转引自 Roland-Holst（1997），其中，C——居民消费，T_d——直接税，S_f——国外净储蓄，S_h——居民储蓄，S_g——政府储蓄，M——进口，T_i——间接税，E——出口，G——政府消费。

2. 中国描述性宏观社会核算矩阵

表 8-5 列出了典型社会核算矩阵的主要结构部分，绝大多数社会核算矩阵具有与之相同的结构。这个表基本上是由一系列具有标题的行和列构成，有关标题是商品、活动、要素（包括劳动力和资本）、居民、企业、政府补贴、预算外体制外、政府、国外、资本账户、存货及汇总项目。这些反映经济情况的标题，对分析生产过程、收入形成和分配都是至关重要的。这几个方面的标题具有整体性或综合性，但实际的社会核算矩阵所反映的大部分或全部，都是这些标题的分类项目，这些分类项是根据分析目的来划分的。由此，中国描述性宏观 SAM 表如表 8-5 所示。之后按行对表 8-5 进行介绍。

表 8-5　中国描述性宏观社会核算矩阵

账户			1	2	3	4	5	6	7	8	9	10	11	12	汇总
			商品	活动	要素		居民	企业	政府补贴	预算外体制外	政府	国外	资本账户	存货变动	
					劳动力	资本									
1	商品			中间投入			居民消费			公共部门自筹消费	政府消费	出口	固定资本形成	存货净变动	总需求
2	活动		国内总产出												总产出
3	要素	劳动力		劳动者报酬											要素收入
4		资本		资本回报											要素收入
5	居民				劳动收入	资本收入		企业的转移支付	政府补贴		政府的转移支付	国外收益			居民总收入
6	企业					资本收入									企业总收入
7	政府补贴			生产补贴							政府的补贴支出				政府对居民的补贴
8	预算外体制外			预算外收费											预算外总收入
9	政府		进口税	生产税			直接税	直接税				国外收入	政府的债务收入		政府总收入
10	国外		进口			国外资本投资收益					对国外的支付				外汇支出
11	资本						居民储蓄	企业储蓄		预算外账户节余	政府储蓄	国外净储蓄			总储蓄
12	存货变动												存货变动		存货净变动
汇总			总供给	总投入	要素支出	要素支出	居民支出	企业支出	政府对居民的补贴	预算外支出	政府支出	外汇收入	总投资	存货净变动	

资料来源：中国宏观 SAM 的编制[EB/OL]. 2019-12-28. http://www.drcnet.com.cn/temp/20051228/hsjz/index4-2.htm.

第 1 个账户和第 2 个账户是“商品”和“活动”账户，分别反映国内市场的商品供给与需求以及国内厂商生产的投入与产出。

第 3 个账户和第 4 个账户都是要素账户，反映了两种主要的生产要素，即劳动力和资本。该账户主要是反映要素的投入及要素收益分配，即劳动者报酬和资本收益及其分配。

第 5 个账户和第 6 个账户分别是居民和企业，前者反映的是居民的各种收入来源，如要素收入、转移收入等，同时反映了居民的各种开支项目和收支节余（储蓄），如消费支出、纳税支出等；后者反映的是企业收益的来源与去向。

第 7 到第 9 个账户都是与政府有关的账户。其中，第 7 个账户主要反映政府的各种补贴，主要包括政府对生产的补贴以及对居民的补贴。第 8 个账户称为“预算外体制外账户（公共部门自筹）”，主要是用来反映我国行政事业单位各种非财政拨款的预算外和体制外资金的收支。第 9 个主要反映的是政府的收支，即各种税收和政府支出。

第 10 个账户属于国外账户，反映的是对外经济联系，主要涉及国际贸易（进出口）和经常性的国际收入转移。

第 11 和第 12 个账户是资本形成账户，分别是资本账户和存货变动账户，前者反映的固定资本形成和储蓄来源，后者反映的是当期存货的净变动。

最后一个账户是汇总账户。

综上所述，社会核算矩阵能够提供以下几方面的数量资料：各种生产活动和不同生产要素之间的关系，包括价值增值的形成和分配；各生产要素所获得的要素收入总额；各机构的要素收入分配，包括住户的要素收入分配；机构间的收入再分配；各种商品支出与不同机构之间的关系；各种生产活动的产出与中间产品利用之间的关系；各种商品供应与各种供给来源之间的关系，如国内各种生产活动和进口；各机构的储蓄模式和机构间的资本转移。

大多数实际的社会核算矩阵基本上都具有上述社会核算矩阵的各组成部分。当然，也有不同的情况。有些社会核算矩阵没有独立的商品账户；有些社会核算矩阵还包括“需求”账户，其目的是为了反映住户需求（如食物、衣服等）和商品支出结构。因此，为满足需求分类的要求，这些账户对各种商品的支出行为进行了重新分类。此外，在有些情况下，核心社会核算矩阵还连接有一些称为“卫星表”的表式，这些表式能够提供有关生产活动中劳动使用、不同住户的土地或其他财产拥有状况以及某些单位（如“核心”会计矩阵所定义的住户、生产活动等）社会人口统计等方面的信息资料。

3. 典型区域社会核算矩阵

典型区域社会核算矩阵具体如表 8-6 所示。

表 8-6　典型区域社会核算矩阵表式

收入		支出									
		1	2	3	4	5	6	7	8	9	10
		经济活动	商品	要素	企业	家庭	政府	资本	地区间	国外	总收入
1	经济活动		总产出								总产出
2	商品	中间投入				居民消费	政府消费	投资	流出	出口	总需求

续表

收入		支出									
		1	2	3	4	5	6	7	8	9	10
		经济活动	商品	要素	企业	家庭	政府	资本	地区间	国外	总收入
3	要素	增加值									增加值
4	企业			资本投入			转移支付				企业收入
5	家庭			劳动投入	转移支付		转移支付				居民收入
6	政府	间接税	关税		企业所得税	个人所得税					政府收入
7	资本				企业储蓄	居民储蓄	政府储蓄			国外储蓄	总储蓄
8	地区间		流入								总调入
9	国外		进口		企业对外支付		转移支付				总进口
10	总支出	经济总产出	总供给	增加值	企业支出	居民支出	政府支出	总投资	总调出	外汇收入	

资料来源：陈东景，2015. 海洋生态经济模型构建与应用研究[M]. 北京：人民出版社.

活动账户的收入源于活动所生产商品的销售，即对商品账户的销售，其支出则包括生产过程中对中间投入的购买，对劳动和资本等生产要素的购买及向政府缴纳的间接税。

商品是所有活动生产的各种产品的综合，该账户的收入源于活动账户对中间投入品的购买、居民和政府对最终消费品的购买、资本账户对投资品的购买、国内其他地区的调出以及国外账户对出口商品的购买，它的支出则用于对活动总产出的支付，对进口商品和地区间调入商品的支付及对商品进口关税的缴纳。

要素账户主要记录生产要素在生产过程中增加的价值，生产要素通常包括资本和劳动，其收入源于要素的报酬，其支出包括向居民分配的劳动收入和以收入的形式向企业分配收益。

家庭的收入源于劳动报酬、政府的转移支付以及企业的利润分配，其支出用于家庭消费、家庭储蓄以及缴纳个人所得税。

企业的收入包括企业的资本收益和政府对企业的转移支付，其支出则用于对居民分配利润、向政府缴纳企业所得税、企业储蓄及对国外的支付。

政府的收入源于商品的进口关税、生产部门的间接税、企业缴纳的直接税以及个人缴纳的个人所得税，其支出则用于政府消费、政府对企业、居民的转移支付以及政府储蓄。

资本账户的收入源于居民储蓄、企业储蓄、政府储蓄及外部资本流入，其支出主要用于对商品账户的投资。

外部世界账户包括国外账户、国内其他地区账户。国外账户的收入包括该地区的商品进口、企业的利润分配及政府的转移支付，其支出用于国外对该地区的商品购买和在该地区的储蓄。

社会核算矩阵能定量描述一个经济体内部有关生产、要素收入分配、经济主体收入分配和支出的循环关系，可以看作以数字方式再现经济循环，并着重于反映分配层面的一个经济关系阵列。

三、海洋社会核算矩阵的设计与账户设置

社会核算矩阵采用复式账户的原理来反映国民经济核算，是以矩阵形式表示的社会核算矩阵账户，不仅反映了生产部门之间的联系和收入的初次分配，而且反映了收入的再次分配。社会核算矩阵的编制过程是一个对数据收集、归纳、分析、填充、检验和调整的过程。先整体上列出账户设置，然后分别论述各个复式账户的编制数据来源与处理，以及各个核算项目与总体社会核算矩阵表中非零元素的对应关系，最后得到完整的社会核算矩阵表。具体说来，本书包含海洋资源的社会核算矩阵编制主要按下述过程展开。

1）对既有的各类核算数据与社会经济方面的数据做一个初步的收集与归纳。

2）明确社会核算矩阵的用途。所涉及的社会核算矩阵主要是为了计算政策变量变化对海洋资源使用变化的影响，为可计算一般均衡模型模拟提供数据基础。

3）对社会核算矩阵进行结构设计，确定社会核算矩阵将包含的账户数量及细化程度。设计的海域资源社会核算矩阵主要包含经济活动、商品、要素（劳动力、资本和海洋资本）、企业、家庭、政府、资本、地区间、国外投资等账户。

4）重复步骤 2）和步骤 3），并结合既有数据对社会核算矩阵的结构进行调整和修改，同时考虑到收集新数据（出于补漏或提高数据质量等目的）可能性，确定社会核算矩阵的结构、研究需要与数据可得性三者尽可能达到一致。

5）完成社会核算矩阵表式设计。

6）对数据进行必要的估算和取舍。可用于填充同一账户的数据可能因来源不同而存在不一致，这样对矩阵内某一特定元素的值就将有不同的结果，此时必须仔细考察数据的统计口径和核算含义。另外，最重要的控制手段就是保证每一个账户的行和与列和相等。

7）对数据进行修正和调整。主要是将那些与经济现实和常识不符的数据进行纠正。

8）对账户进行平衡处理。如果初步完成的社会核算矩阵存在不平衡现象，采取适当方法进行调节平衡。这些主要方法包括 RAS 法、交叉熵法和线性规划方法等。

海域自然资本的社会核算矩阵主要设置了 13 个子账户，即 1：商品，2：经济活动，3：要素-劳动力，4：要素-资本，5：要素-海洋资本，6：家庭，7：企业，8：海洋，9：政府，10：国外，11：国内其他地区，12：投资，13：汇总。

第 1、2 账户均涉及商品的供给和需求。“商品”账户主要用来反映国内市场上的商品供给和需求；“经济活动”账户主要用来反映国内厂商所生产的商品的供给和需求。区分“商品”和“经济活动”账户可以反映两种不同的影响：多种不同的经济活动可以生产相同的商品，意味着存在不同的生产技术；便于处理进出口问题，假设进口产品与国内产品具有完全相同的竞争力，国内需求由进口产品和国内产品组成，但是只有国内产品用于出口。在具体构建“商品”账户和“经济活动”账户时，这两个账户都分别细分为种植业、渔业、其他农业、工业、建筑业和服务业六个子账户。这样细分的目的就是要在后续分析中描述各部门特别是渔业部门的经济活动对海洋资源特别是渔业资源的影响。

第 3～5 账户为要素账户，主要反映初始生产要素的投入及各自获得收入的分配情况。与以往社会核算矩阵表中的要素账户相比，这里设计的要素账户不仅包含了“劳动

力”账户和“资本”账户，而且将海洋资本要素从“资本”账户中分离出来，达到更好地分析经济活动对海洋资本的影响。“海洋资本”账户是指海洋生态系统提供的自然资本供给功能应该获得的收益，而这部分收益就成为“海洋”主体账户的一个收入来源。

第6～9账户分别为“家庭”账户、“企业”账户、“海洋”（生态系统）账户和“政府”账户。“家庭”账户反映了居民的各种收入来源（劳动者报酬、转移收入等）和各项开支项目（消费支出、纳税支出和居民储蓄等）；“企业”账户反映了企业的各项收益来源（资本收益和政府对企业的转移支付等）及收入的最终分配（对居民分配利润、向政府缴纳企业所得税、企业储蓄等）；“海洋”账户反映了海洋生态系统应该获得的收入来源和支出项目；“政府”账户反映了中央政府和地方政府的收入和支出情况。“海洋”账户的收入包括两部分：对污染物治理而应该发生的居民、企业和政府对海洋生态环境保护的投入支出（转移支付），海洋生态系统提供的类似劳动力和经济资本等生产要素应该获得的报酬收入。“海洋”账户的支出项目是指海洋生态系统为持续提供进入生产活动中的产品等生态系统服务功能的价值而进行的储蓄。

第10、11账户是外部账户，包括“国外”账户和“国内其他地区”账户。“国外”账户反映了一个区域和世界上其他国家的国际联系（主要涉及国际贸易方面的内容）；“国内其他地区”账户则反映了不同区域之间的经济活动联系（主要涉及省际贸易）。如果进行简化，可以将两个子账户合并在一起。

第12账户是“投资”账户。该账户的收入来源于居民储蓄、企业储蓄、政府储蓄以及外部资本流入，其支出主要用于对商品账户的投资和对外储蓄等。

第13账户是“汇总”账户。该账户的一个重要作用是检验前述各账户的收入和支出是否符合收支平衡原则，更重要的是帮助推测或验证账户的一些数值。当采取自上而下的方法编制社会核算矩阵表时，在保证各行和与对应的各列和相等的汇总账户的平衡的前提下，可以推测或验证其他账户的具体数值。

参考文献

曹可，李娜，2003. 海域分等定级理论与方法研究[J]. 海洋开发与管理，20(6):20-23.

曹英志，2014. 海洋经济学理论对海域资源配置的指导价值研究分析：以资源与环境经济学基础理论为视角[J]. 环境与可持续发展，39(5):45-47.

曹英志，崔晓健，孙梅，等，2014. 海洋功能区划制度对我国海域资源配置的指导价值分析[J]. 中国渔业经济，32(5):40-43.

陈东景，2015. 海洋生态经济模型构建与应用研究[M]. 北京：人民出版社.

陈明剑，何国祥，2002. 我国海域分等定级指标体系研究[J]. 海洋学报，24(3):18-27.

陈培雄，李欣曈，周鑫，等，2017. 海域资源市场化配置问题及制度完善浅谈[J]. 海洋信息(3):48-51.

陈培雄，相慧，李欣曈，等，2017. 我国海域资源评价理论与方法研究综述[J]. 海洋信息(2):52-57.

陈尚，任大川，李京梅，等，2010. 海洋生态资本概念与属性界定[J].生态学报，30(23):6323-6330.

陈尚，任大川，夏涛，等，2010. 海洋生态资本价值结构要素与评估指标体系[J]. 生态学报，30(23):6331-6337.

陈尚，任大川，夏涛，等，2013. 海洋生态资本理论框架下的生态系统服务评估[J]. 生态学报，33(19):6254-6263.

陈伟琪，张珞平，洪华生，等，1999. 近岸海域环境容量的价值及其价值量评估初探[J]. 厦门大学学报（自然科学版），38(6):896-901.

程博，翟云岭，2019. 海域资源综合利用视域下的使用权配置研究[J]. 财经问题研究(3):43-49.

迪特尔·赫尔姆，2017. 自然资本：为地球估值[M]. 北京：中国发展出版社.

高洁，2017. 海域环境容量价值影响因素及其因果关系研究[J]. 科技经济导刊(10):5-6.

国家环境保护总局，2002. 近岸海域环境功能区划分技术规范[M]. 北京：中国环境科学出版社.

海域管理培训教材编委会，2014. 海域管理概论[M]. 北京：海洋出版社.

何广顺，王立元，2013. 海洋经济统计知识手册[M]. 北京：海洋出版社.

贺义雄，勾维民，2015. 海洋资源资产价格评估研究[M]. 北京：海洋出版社.

贺义雄，杨铭，岳晓菲，等，2018. 海域资源资产、负债及报告有关问题研究[J]. 会计之友(2):35-39.

贺义雄，尹雪，岳晓菲，2017. 海域资源资产会计核算问题初探[J]. 海洋开发与管理，34(1):11-15.

黄冬梅，邹国良，2016. 大数据技术与应用海洋大数据[M]. 上海：上海科学技术出版社.

李双成，等，2014. 生态系统服务地理学[M]. 北京：科学出版社.

李彦平，魏先昌，刘大海，等，2018. 面向海域管理的海洋资源资产负债表编制框架研究[J]. 海洋通报，37(3):264-271.

李永祺，唐学玺，2016. 海洋恢复生态学[M]. 青岛：中国海洋大学出版社.

刘大海，吴桑云，张志卫，等，2008. 爱尔兰海域多用途区划的启示[J]. 海洋开发与管理，25(9):9-13.

刘梅娟，2010. 森林自然资本公允价值计量研究[M]. 北京：中国农业出版社.

刘平养，2011. 经济增长的自然资本约束与解约束[M]. 上海：复旦大学出版社.

刘忠臣，刘保华，黄振宗，等，2005. 中国近海及邻近海域地形地貌[M]. 北京：海洋出版社.

栾维新，李佩瑾，2007. 我国海域评估的理论体系及海域分等的实证研究[J]. 地理科学进展，26(2):25-34.

马安青，夏涛，李福建，等，2010. 海洋生态系统服务与价值评估信息系统建设研究[M]. 青岛：中国海洋大学出版社.

梅宏，2008. 论海域的价值[J]. 海洋开发与管理，25(5):38-41.

苗丰民，赵全民，2007. 海域分等定级及价值评估理论与方法[M]. 北京：海洋出版社.

宁凌，等. 2016. 基于海洋生态系统的中国海洋综合管理研究[M]. 北京：中国经济出版社.

彭本荣，洪华生，2006. 海岸带生态系统服务价值评估理论与应用研究[M]. 北京：海洋出版社.

彭本荣，洪华生，陈伟琪，2005. 填海造地生态损害评估:理论、方法及应用研究[J]. 自然资源学报(5):714-726.

隋玉正，李淑娟，张绪良，等，2013. 围填海造陆引起的海岛周围海域海洋生态系统服务价值损失[J]. 海洋科学，37(9):90-96.

特瑟克，亚当斯，2013. 大自然的财富：一场由自然资本引领的商业模式革命[M]. 王玲，侯玮如，译. 北京：中信出版社.

王松霈，1992. 自然资源利用与生态经济系统[M]. 北京：中国环境科学出版社.

王涛，何广顺，2016. 海域资源资产负债表核算框架研究[J]. 海洋经济，6(2):3-12.

王涛，何广顺，2018. 我国海域资源资产定价研究[J]. 海洋通报，37(1):1-8.

王涛，张宇龙，曹英志，2017. 海域资源资产核算框架设计研究[J]. 海洋经济，7(5):3-12.

王晓慧，2017. 基于生态效率的海域持续供给能力测度模型构建及应用研究[J]. 国土与自然资源研究(1):34-37.

闻德美，2016. 海域资源遗产价值补偿金确定研究：基于世代交叠模型的应用[J]. 山东大学学报（哲学社会科学版）(6):108-117.

闻德美，姜旭朝，刘铁鹰，2014. 海域资源价值评估方法综述[J]. 资源科学，36(4):670-681.

徐建华，段舜山，1991. 农业生态经济系统分析[M]. 兰州：兰州大学出版社.

于青松，齐连明，等，2006. 海域评估理论研究[M]. 北京：海洋出版社.

俞存根，张平，郭朋军，等，2019. 围填海区渔业生态损害的补偿标准定量研究：以舟山近岸海域为例[J]. 生态学报，39(4):1416-1425.

虞阳，申立，武祥琦，2015. 海洋功能区划与海域生态环境：空间关联与难局破解[J]. 生态经济，31(3):161-165.

张朝晖，叶属峰，朱明远，2008. 典型海洋生态系统服务及价值评估[M]. 北京：海洋出版社.

张静怡，吴姗姗，赵梦，2016. 海域分等技术体系及方法研究[J]. 海洋开发与管理，33(9):27-32.

赵晟，2008. 海岸带生态系统服务价值评估：厦门湾围填海生态影响评价[M]. 兰州：兰州大学出版社.

赵章元，2000. 中国近岸海域环境分区分级管理战略[M]. 北京：中国环境科学出版社.

郑伟，王宗灵，石洪华，等，2011. 典型人类活动对海洋生态系统服务影响评估与生态补偿研究[M]. 北京：海洋出版社.

朱坚真，2008. 海洋区划与规划[M]. 北京：海洋出版社.

邹婧，曲林静，2017. 海域资源价值评估理论与方法研究[J]. 海洋信息 (3):22-26,40.

HOLLAND D S, SANCHIRICO J N, JOHNSTON R J, 等，2015. 基于生态系统管理的经济分析：以海洋与海岸带环境为例[M]. 路文海，刘捷，许艳，等译. 北京：海洋出版社.

KIDD S, PLATER A, FRID C，2013. 海洋规划与管理的生态系统方法[M]. 徐胜，等译. 北京：海洋出版社.

APPOLLONI L, SANDULLI R, VETRANO G, et al, 2018. A new approach to assess marine opportunity costs and monetary values-in-use for spatial planning and conservation; The case study of Gulf of Naples, Mediterranean Sea, Italy[J]. Ocean & Coastal Management (152): 135-144.

BARNES-MAUTHE M, OLESON K L L, BRANDER L M, et al, 2015. Social capital as an ecosystem service: Evidence from a locally managed marine area[J]. Ecosystem Services(16): 283-293.

FRANZESE P P, BUONOCORE E, DONNARUMMA L, et al, 2017. Natural capital accounting in marine protected areas: The case of the Islands of Ventotene and S. Stefano (Central Italy)[J]. Ecological Modelling (360): 290-299.

KAREIVA P, TALLIS H, RICKETTS T H, et al, 2011. Natural capital: Theory and practice of mapping ecosystem services[M]. Oxford University Press.

LEVREL H, JACOB C, BAILLY D, et al, 2014. The maintenance costs of marine natural capital: A case study from the initial assessment of the marine strategy framework directive in france[J]. Marine Policy (49): 37-47.

MILLEMIUM ECOSYSTEM ASSESSMENT(MA)，2003. Ecosystems and human well-being: A framework for assessment[R]. Washington DC: Island Press.

MILLEMIUM ECOSYSTEM ASSESSMENT(MA)，2005. Ecosystems and human well-being:Synthesis[R]. Washington DC: Island Press.

PICONE F, BUONOCORE E, D'AGOSTARO R, et al, 2017. Integrating natural capital assessment and marine spatial planning: A case study in the Mediterranean sea[J]. Ecological Modelling (361): 1-13.

VASSALLO P, PAOLI C, ROVERE A, et al, 2013. The value of the seagrass Posidonia oceanica: A natural capital assessment[J]. Marine Pollution Bulletin 75(1-2): 157-167.

VASSALLO, P, PAOLI C, BUONOCORE E, et al, 2017. Assessing the value of natural capital in marine protected areas: A biophysical and trophodynamic environmental accounting model[J]. Ecological Modelling (355): 12-17.